Les Maladies de la Vigne

et les Producteurs Directs

Par E. LEMERLE

Propriétaire-Viticulteur
Chevalier du Mérite Agricole
Membre de la Société des
Viticulteurs de France et
d'Ampélographie
Membre de la Société des
Agriculteurs de France

La Viticulture en 1910

Les Maladies de la Vigne

et les Producteurs Directs

Par **E. LEMERLE**

Propriétaire-Viticulteur
Membre de la Société
des — — — — —
Viticulteurs de France

IMPRIMERIE ARMAND MORILLON
34, RUE EMILE-PÉHANT, NANTES
— 1910 —

PRÉFACE

Par suite d'une quantité énorme de demandes de renseignements que nous recevons tous les jours concernant la viticulture, nous avons pris la décision de faire une brochure ayant pour titre : *La Viticulture en 1910* traitant spécialement **Les Maladies de la Vigne** et les **Producteurs Directs**.

De nombreux ouvrages ont été publiés sur les maladies de la vigne et le moyen de les combattre, mais tous jusqu'à ce jour possèdent un caractère trop scientifique. Ils ne sont pas à la portée des propriétaires viticulteurs et vignerons, n'ayant pas un langage essentiellement pratique.

Notre but est d'exposer sous une forme simple et accessible tout ce qu'il est utile de savoir pour réussir les traitements et les moyens que les viticulteurs doivent employer pour défendre leur vignoble.

Nous donnerons le plus clairement possible les descriptions des différentes maladies de la vigne, le moyen de les reconnaître et de les combattre d'une façon pratique. Notre préoccupation est de propager ces moyens et de rendre l'espoir aux viticulteurs actuellement découragés. — Voilà notre but.

En second lieu, nous consacrons un chapitre spécial sur les producteurs directs nouveaux. Il est fort question dans le monde viticole, depuis quelques années, des hybrides nouveaux. Notre souci dans cette brochure étant d'éclairer le propriétaire viticulteur et le vigneron, nous exposerons impartialement les résultats des études de ces dernières années.

Certainement que nous nous ferons des ennemis, mais nous aurons la conscience tranquille d'avoir fait notre devoir. Nous déclarons que c'est rendre un mauvais service à la viticulture que d'exagérer les qualités des producteurs directs et nous combattons tous ceux qui exploitent la crédulité des vignerons en leur conseillant les hybrides en toutes régions.

Les producteurs directs sont seulement recommandables dans les régions ou les plants greffés ne donnent qu'un vin d'un faible degré et sans qualité. Mais dans toute la région où les plants greffés donnent un vin convenable, avec un prix en rapport il faut abandonner le producteur direct.

Car jusqu'à ce jour il n'existe aucun producteur direct à mettre en balance avec le muscadet de la Loire-Inférieure ; le pinot, le fendant, le gros lot de l'Anjou ; les folles et les Colombards des Charentes ; les Cabernets Sauvignon, les Merlots, les Malbecs de la Gironde, le Meslier, le pinot de Chardonnay, l'aligote, le St-Laurent, le portugai bleu, le pinot noir et le pinot Meunier et les Gamays du centre.

Nous désirons être écouté pour le plus grand bien des viticulteurs et de la viticulture car la grande chose à désirer actuellement n'est pas à avoir des vignes à grand rendement sans qualité, mais ce qu'il faut surtout rechercher c'est à avoir des vins de bons crûs.

Nous donnerons une description brève des porte-greffes et de leur adaptation, nous exposerons pour chaque région et pour chaque terrain, les inconvénients et avantages des principaux porte-greffes. Egalement pour chaque région nous passerons une revue des principaux cépages et enfin, quelques indications sur la culture, la taille et les engrais de la vigne.

En résumé nous avons cherché à réunir et à grouper dans cette brochure tous les renseignements qui peuvent être profitables aux nombreux viticulteurs. Puissions-nous leur être utile ? C'est notre unique désir.

Nous remercions chaleureusement les viticulteurs qui ont bien voulu nous aider dans notre tâche en nous communiquant le résultat de leurs études pratiques.

E. LEMERLE

Sainte-Paʒanne (Loire-Inf.), le 1ᵉʳ Février 1910

PREMIÈRE PARTIE

PREMIÈRE PARTIE

Chapitre Premier

PORTE-GREFFES - ADAPTATION

Dans la reconstitution du vignoble, détruit par le phylloxéra, l'emploi des cépages américains est général, ils offrent une résistance suffisante aux piqûres de l'insecte.

Les porte-greffes utilisés pour greffage de la vigne doivent remplir les conditions suivantes:

1° Une résistance au phylloxéra ;

2° Bien s'adapter aux sols dans lesquels on les cultive ;

3° Avoir une bonne affinité pour le greffon ;

4° Etre doué d'une vigueur suffisante de façon à assurer une bonne fructification du greffon ;

5° Posséder une reprise assez bonne au bouturage et au greffage.

Nous savons que les vignes européennes ne résistent pas au phylloxéra, leurs racines se couvrent de nodosités et de tubérosités.

Les vignes américaines sont toutes plus ou moins attaquées par le phylloxéra, et offrent une résistance variable ; les unes ne souffrent nullement de quelques piqûres produites ; d'autres plus facilement attaquées résistent néanmoins mais péniblement; d'autres enfin moins résistantes sont tuées par l'insecte.

En général, on remarque beaucoup moins de nodosités que sur les vignes européennes ; les tubérosités lorsqu'elles en ont, sont moins graves, les nécroses produites, ainsi que nous l'avons vu sont moins profondes.

MM. Viala et Ravaz ont fait une étude spéciale pratique pour faire une classification des principales variétés américaines au point de vue de leur résistance phylloxérique.

Résistance phylloxérique

Le maximum de résistance est de 20.

NOTE

19 Vitis Rotundifolia.

18 Rupestris Missiou, Rupestris Ganzin, Riparia Gloire, Riparia grand glabre, Riparia tomenteux géant.

17 V. Berlandieri, Riparia Berlandieri, Riparia Monticola, Rupestris Berlandieri.

16 Rupestris du Lot.

15 V. Cinerea, V. Æstivalis, V. Candicans.

14 Vialla, Solonis, Noah.

13 Taylor.

12 Jacquez, Herbemont.

11 York Madeira.

10 Elvira.

Au dessous Othello, Tutuchon, Cornucopia, Concord, Clinton, Bacchus, Croton, Duchess, St-Sauveur, Herbemont d'Aurelle, Canada.

Les vignes qui ont les notes 16 à 20 sont suffisantes pour tous les terrains ; les notes 14 et 15 expriment une résistance qui n'est suffisante que dans les terrains sablonneux ou humides où le phylloxéra fait peu de mal, les vignes notées 13 et au-dessous doivent être totalement éliminées des vignobles.

Il est à remarquer que l'échelle de résistance de MM. Viala et Ravaz et celle de M. Millardet ne sont pas exactes pour tous les sols et tous les climats ; elles ne concordent d'ailleurs pas entre-elles. C'est qu'en effet la résistance du phylloxéra varie suivant la nature du sol, le climat, l'adaptation du cépage au sol, l'affinité du porte-greffe et du greffon.

Les sols secs, aérés et chauds favorisent la multiplication de l'insecte. Les sols compacts et humides gênent son développement. Les terres argilo-calcaires ou calcaires qui se fendillent facilement en été, facilitent la circulation de l'insecte. Quant aux sols sablonneux ils lui sont très défavorables ; les sables fins de l'Atlantique et de la Méditerranée n'ont même pas de phylloxéra, et l'on voit des vignes françaises qui ont été privilégiées.

Résistance à la Chlorose

La cause principale de la chlorose est le calcaire ou carbonate de chaux. De nombreuses opinions ont été émises pour expliquer le jaunissement de la vigne. On a successivement, attribué la chlorose à l'humidité, à la sécheresse à des alternatives d'humidité et de sécheresse, au climat, au manque de fer dans le sol, au greffage, au carbonate de chaux, etc. L'humidité a certainement une influence sur la végétation de la vigne, mais elle ne peut amener la chlorose. La sécheresse ne provoque pas davantage le jaunissement de la vigne.

La chlorose a été jusqu'ici un obstacle très grand à la reconstitution dans les régions viticoles à terrains très calcaires. C'est pour lutter contre elle que l'on s'est efforcé de trouver des porte-greffes hybrides qui lui résistent tout en résistant au phylloxéra.

Nous donnons les notes de résistance à la chlorose, d'après M. Ravaz.

NOTE

17   V. Vinifera, Chasselas Berlandieri 41 B, Tisserand, Vinifera Berlandieri.

16   Vinifera-Monticola, Berlandieri n° 2.

15   Riparia × Berlandieri.

14   Rupestris × Berlandieri.

13   V. Monticola.

12   Vinifera × Riparia.

11   Viniféra × Rupestris.

10   Riparia × Monticola, Taylor Narbonne, Colorado.

9   Jacquez, Othello, Canada.

8   Vinifera Cordifolia, Vinifera, Cinerea, Solonis.

7   Riparia × Rupestris 101^{14} 3306 × 3309, Taylor.

6   Riparias : Rip. gloire de Montpellier, Rip. tomenteux, Rip. grand glabre.

5   Rupestris Ganzin, Rupestris Martin.

4   Herbemont, Riparia-Cordifolia.

3   Vialla, Noah, Clinton. Triumph.

2   Cordifolia, Candicans.

Adaptation des porte-greffes au sol

Un cépage s'adapte bien à un sol donné lorsqu'il y pousse vigoureusement, qu'il y vit très bien, et il s'y adapte mal lorsque sa végétation y est languissante, qu'il dépérit et qu'il meurt.

D'après M. Gervais, l'adaptation est le rapport intime, la relation étroite, l'harmonie qui existe ou qui doit exister entre le sol et le cépage. Pratiquement, elle est la détermination du ou des cépages qui conviennent le mieux à telle ou telle nature du sol.

Nous donnons plus loin dans un tableau l'adaptation des porte-greffes aux différents terrains. Nous mettons le Rupestris du Lot dans les terrains secs, mais à la condition qu'il ne soit pas brûlant et que le terrain soit sec superficiellement seulement.

Terrains calcaires

AMÉRICAINS PURS	AMÉRICO-AMÉRICAINS	FRANCO-AMÉRICAINS
Berlandieri.	Berlandieri $\times$ Rip., 34 E-M, 157-11 et 420 A. Rupestris du Lot. Riparia $\times$ Rupestris 3306-3309 et 101 [14].	Chasselas $\times$ Berlandieri 41-B. Mourvèdre $\times$ Rupestris 1202. Aramon $\times$ Rupestris Ganzin n° 1.

Terrains compacts

	AMÉRICO-AMÉRICAINS	FRANCO-AMÉRICAINS
	Rupestris du Lot. Riparia $\times$ Rupestris n°s 3306 et 101 [14]. Solonis $\times$ Riparia n°s 1615-1616.	Aramon $\times$ Rupestris Ganzin n°s 1 et 2. Mourvèdre $\times$ Rupestris 1202.

Terrains humides

AMÉRICAINS PURS	Solonis × Riparia nos 1615 et 1616.	Mourvèdre × Rup. no 1202.
	Solonis.	Aramon × Rupestis Ganzin no 1.

Terrains secs

Rupestris du Lot.

Riparia×Rupestris no 3309.

Riparia Cordifolia ×Rupestris 106-8

Terrains granitiques (base siliceuse)

Vialla.	(?)	(?)

Riparia Gloire de Montpellier

Terrains meubles, ni secs, ni compacts, ni humides ni calcaires, ni caillouteux

Adaptation au Calcaire [1]

Les divers cépages américains que l'on emploie comme porte greffes craignent plus ou moins le calcaire.

Nous les classerons de la manière suivante :

Cépages qui conviennent aux terres contenant 50 à 60 pour cent de calcaire. — Berlandieri no 1 Resseguier, le Berlandieri no 2, le Berlandieri Laffont, Berlandieri Mazade ; le Chasselas × Berlandieri no 41 B de Millardet.

Cépages qui conviennent aux terrains contenant jusqu'à 40 à 50 pour cent de calcaire. — Le Mourvèdre Rupestris 1202, l'Aramon-Rupestris

---

(1) D'après M. CHANCRIN, directeur de l'École de Viticulture de Beaune.

Ganzin n° 1 et n° 2, le Bourrisquou Rupestris 601 et 603 de Couderc, le Carbernet Rupestris n° 33 le Gamay Couderc.

Cépages supportant jusqu'à 30 à 40 pour cent de calcaire. — Berlandieri × Riparia n° 33 et n° 34, 420 A et 420 B; 157[11], le Rupestris × Berlandieri 301 A et 219 A.

Cépages supportant jusqu'à 25 à 30 pour cent de calcaire. — Riparia × Rupestris 101[14], 3306 × 3309, le Rupestris du Lot, le Rupestris Ganzin, le Rupestris Martin.

Cépages pouvant supporter jusqu'à 15 à 25 pour cent de calcaire. — Le Solonis, le Solonis × Riparia n° 1616.

Cépages pouvant supporter jusqu'à 10 ou 15 pour 100 de calcaire. — Le Riparia Gloire, le Riparia Grand Glabre.

Cépage pouvant supporter de 1 à 5 pour cent. -- Le Vialla.

PORTE-GREFFES

AMÉRICAINS PURS

Riparia.............	Riparia Tomenteux Riparia Gloire Riparia Grand-Glabre
Rupestris	Rupestris du Lot — Ganzin — Martin
Berlandieri	Berlandieri n° 1 Resseguier — n° 2 Resseguier — Lafont — Mazade

AMÉRICO-AMERICAINS

PREMIER GROUPE

Solonis | **Vialla** | **Jacquez**

DEUXIÈME GROUPE

Riparia Rupestris .	Riparia Rupestris 101^{14}
	— 3306
	— 3309
Riparia ✕ **Cordifolia Rupestris** .	
Berlandieri Riparia	Berlandieri Riparia n° 33
	— 34
	— 420 A
	— 420 B
	— 157 H
Rup. Berlandieri ..	Rupestris Berlandieri n° 301
	— 219 A
Solonis Riparia ...	Solonis Riparia 1616
	— 1615

HYBRIDES FRANCO-AMERICAINS

Mourvèdre Rupestris 1202

Aramon Rupestris Ganzin n° 1

—   —   —   n° 2

Chasselas Berlandieri 41B

Bourrisquou ✕ Rupestris 601 et 603

Cabernet Rupestris 33

Gamay Couderc

Américains Purs

Riparia

Le V. Riparia est très employé pour la reconstitution du vignoble, sa haute résistance au phylloxéra, la facilité avec laquelle il reprend de bouture et à la greffe, la fertilité qu'il communique aux vignes européennes qu'il porte en font un porte-greffe de tout premier ordre. Il doit être préféré à tout autre, toutes les fois que le terrain le permet.

Les différentes variétés de Riparia les plus utilisées comme porte-greffes sont les suivantes : 1° le Riparia tomenteux géant ; 2° le Riparia Gloire ; 3° le Riparia Grand Glabre. Le Riparia Gloire étant le meilleur nous n'insisterons pas sur les deux autres.

Le Riparia Gloire est le plus beau et le meilleur des Riparia. Il est par excellence le porte-greffe des alluvions fraîches et profondes, des sols caillouteux, riches et frais argilo siliceux rouges. Il redoute le calcaire au-dessus de 15 0/0, il redoute également les terrains secs et brûlants des coteaux.

Lorsque le Riparia est bien adapté à son terrain on est d'avis unanime à reconnaître que c'est le porte-greffe qui pousse le plus à la production, il doit donc être préféré à tout autre dans tous les terrains possédant 40 à 50 centimètres de bonne terre où les eaux pluviales ne séjournent pas.

Le Riparia Gloire de Montpellier a les sarments étalés, longs, à mérithalles allongés, de grosseur moyenne, un peu coudés au niveau des nœuds, les feuilles sont boursouflées entre les nervures et sont très grandes, d'un vert foncé, luisantes. Les sarments produits par les Riparia sont très longs, atteignant 4 et 5 mètres, les racines sont grosses avec beaucoup de petites radicelles, elles sont horizontales et peu plongeantes. La résistance au phylloxéra des Riparias est très bonne. L'affinité pour les vignes françaises laisse à désirer, ce qui le prouve c'est le bourrelet qui existe au point de soudure de la greffe, il devient de plus en plus gros à mesure que les greffes vieillissent, le porte-greffe est toujours plus petit que le greffon, c'est le seul défaut qu'on puisse lui reprocher.

La reprise au bouturage est excellente ainsi qu'au greffage. Il pousse les greffons à une abondante fructification et avance la maturité de quelques jours, comparativement aux autres porte-greffes. La résistance phylloxérique est de 19×20.

Rupestris du Lot

Ce porte-greffe est le plus méritant des rupestris.

La souche est très forte, sa vigueur puissante, le port érigé, les sarments noueux, très ramifiés, mérithalles courts, les feuilles très peu pliées en gouttière, à bord ondulé brillantes, les dents sont irrégulières, les feuilles des dernières ramifications sont entièrement petites. Les racines sont grosses, généralement rougeâtres, elles sont très plongeantes.

L'extraordinaire vigueur du Rupestris du Lot dans la généralité des terrains a une bonne résistance à la Chlorose. Il craint les côteaux brûlants et trop secs, où il faiblit à la fin de l'été au détriment de la récolte, dans ces terrains le Rip. Rup. 3309 est préférable ; mais sauf ce cas, il convient bien dans les terrains pauvres, caillouteux et pierreux ne renfermant pas plus de 20 à 27 pour 100 de calcaire, dans les sols argilo-calcaires ; il faut éviter, contrairement à ce que beaucoup enseignent de le cultiver dans les terrains trop secs, nous reconnaissons qu'il lui faut une certaine fraîcheur.

On lui reproche de donner trop de vigueur au greffon et d'amener la coulure du fruit. Il est facile de remédier à cet inconvénient par une taille plus généreuse, c'est-à-dire en laissant plus de coursons, et mieux encore en mettant un fil de fer et faire la taille Guyot simple ou double.

Mais il faut remarquer que cet inconvénient de couler n'existe que lorsqu'il est planté dans les terres trop riches où on peut employer les Rip. Rup. 101.14.

Berlandieri

Le Berlandieri est naturellement plus vigoureux dans les terrains fertiles, mais cette vigne ne jaunit pas dans les terrains blancs ; non seulement elle est très résistante au phylloxéra, mais elle porte très bien la greffe dans les terres crayeuses et sèches. Les Berlandieri purs reprennent très difficilement de boutures et n'aoûtent pas très bien leurs sarments. Aussi s'est-on efforcé par l'hybridation de tirer parti des grandes qualités qu'ils possèdent comme porte-greffes. Il est très résistant à la sécheresse, c'est par excellence le plant des terrains crayeux secs, il n'aime pas les sols marneux, humides ; il a une grande affinité pour les greffons français, il pousse à une fructification régulière, il se développe lentement les premières années, puis devient vigoureux et rustique, il reprend difficilement au bouturage.

Résistance phylloxérique 17 $\times$ 20.

Américo-Américains

Solonis

Le Solonis a une souche vigoureuse à port étalé, c'est un hybride naturel de V. Candicans, V. Riparia, V. Rupestris. Le Solonis convient dans les terrains ne contenant pas plus de 15 % de calcaire, terrains profonds, humides, où l'eau reste l'hiver, dans les sols humides reposant sur un sous-sol d'argile compacte ou de marne, ne jamais l'employer dans les terrains craignant la sécheresse. C'est le seul porte-greffe que l'on ait trouvé pour les terrains salés, il supporte les doses élevées de sel marin faisant périr tous les autres porte-greffes. Le peu de résistance au phylloxéra empêche de l'employer dans les autres terrains.

Le Solonis rend les greffons très productifs, il a été préconisé dans le début des plantations, aussi il y a-t-il eu déception généralement partout. Le Riparia × Solonis 1616 est plus résistant.

Vialla

Le Vialla est un hybride de Clinton et d'Isabelle, dans les terres siliceuses et assez fertiles il a une très grande vigueur et c'est un de ceux qui y réussissent le mieux. Sa résistance phylloxérique n'est pas assez élevée pour qu'il produise dans les autres terrains. Le Vialla a joué un grand rôle dans le début de la reconstitution, dans les terres qui lui conviennent, il a donné de bons résultats, dans les terrains argilo-siliceux frais et les terres granitiques du Beaujolais et du Lyonnais, sa réussite est très bonne pour le greffage.

Sa résistance phylloxérique est de 12×20.

Jacquez

Ce cépage a été très employé dans le début de la reconstitution, mais vu le peu de résistance au phylloxéra il a été complètement abandonné.

Riparia × Rupestris

Les trois principaux Riparia Rupestris employés sont :

Riparia Rupestris 101[14] de Millardet et Grasset.
    —   —   3309 de Couderc.
    —   —   3306 de Couderc.

Les Riparia Rupestris issus du croisement du Riparia et du Rupestris présentent un intérèt de tout premier ordre.

Intermédiaires par leurs caractères ampélographiques, entre les deux espèces composantes, ils en ont les qualités, sans toutefois en avoir toujours les défauts ; certaines de leurs qualités sont acquises et ne se rencontrent ni chez le père ni chez la mère. Telle est la résistance à la chlorose. qui est plus élevée chez ces hybrides que chez leur générateur pris individuellement.

Ils s'enracinent et se greffent facilement, sont plus vigoureux que le Riparia, moins exubérants que le Rupestris du Lot. grossissent bien du pied ; leurs greffes fructifient bien et régulièrement, leur résistance phylloxérique est très bonne, leur aire d'adaptation un peu variable selon les variétés, mais très étendue.

Riparia × Rupestris 101 [14]

Feuilles et sarments glabres, intermédiaires entre ceux du Riparia et du Rupestris mais rappelant davantage le Riparia que le Rupestris ; les extrémités des jeunes rameaux sont bronzées, caractère qui distingue cette variété des autres du même numéro 101 dont la valeur est très inférieure et avec lesquelles on la confond quelquefois volontiers à cause du bas prix de leur bois.

Les sarments aoûtés sont presque lissés généralement de teintes claires avec rayures longitudinales très claires. Un peu plus résistant à la chlorose que le Riparia Gloire, il convient surtout aux bonnes terres de plaine peu calcaires où il constitue un remarquable porte-greffes.

Sa reprise au greffage est bonne, il est fructifié et vient bien dans les terrains fertiles contenant 20 à 30 % de calcaire et pour les sols argileux compacts.

Riparia Rupestris 3306

Se rapproche davantage du Rupestris que du Riparia, et se distingue des autres variétés du groupe par ses rameaux qui sont plus baissants et prennent à l'aoûtement une teinte grise caractéristique, supporte mieux le calcaire que le 101 [14] et vient bien dans les terres à Solonis un peu calcaires ; vient aussi en terrains caillouteux mais il s'y plaît moins que le 3309 ; en somme il est le porte-greffes des terres argilo-calcaires fraîches.

Riparia Rupestris 3309

Sa feuille plutôt petite, d'un vert foncé brillant, épaisse presque comme celle du Rupestris, ses sarments aoûtés Glabres, finement striés de couleur rouge brun, distinguent cette variété des deux précédentes. Son aire d'adaptation est plus étendue que celle du 101^{14} et du 3306 dont elle a toutes les qualités, elle est plus rustique et se comporte très bien en terres de coteaux plus ou moins secs, où le Rupestris du Lot souffre de la sécheresse ; sa résistance à la chlorose égale presque celle de ce dernier. Dans les bonnes terres, c'est un porte-greffe incomparable joignant à une bonne vigueur, une fructification abondante et soutenue. En somme c'est le meilleur hybride de la série digne d'un grand avenir.

Berlandieri × Riparia

Les hybrides de ce groupe constituent une précieuse acquisition pour la viticulture, intermédiaires entre les espèces composantes par leurs caractères ampélographiques, ils en possèdent à peu près toutes les qualités sans avoir en même temps tous les défauts. Ils sont résistants au phylloxéra, résistants à la chlorose, non peut-être autant que les meilleurs Berlandieri, mais infiniment plus que le Riparia et suffisamment dans la majorité des sols calcaires, même très calcaires ; ils peuvent donc rendre de grands services dans les terrains crayeux chlorosants, mais ils se plaisent mieux encore dans les bonnes terres. Ils s'enracinent facilement comme le Riparia, se greffent de même, et leurs greffes sont aussi peu coulardes et aussi fertiles que celles du Riparia et du Berlandieri ; elles sont même plus vigoureuses.

Ils se développent plus rapidement que ne le fait le Berlandieri pendant les premières années, mûrissent bien et tôt leurs fruits, et supportent bien la sécheresse.

En résumé, ce sont des porte-greffes de premier ordre et d'avenir.

Berlandieri × Riparia n°s 33 et 34 E. M.

Le 34 E. M. a ses bois tomenteux presque blancs, ses feuilles sont légèrement tomenteuses d'un vert foncé brillant, leur sinus pétiolaire est ouvert et leur pointe terminale est plus allongée que dans le n° 34, le n° 33 a au contraire ses sarments Glabres avec des rayures pâles sur l'écorce, le sinus pétiolaire est fermé.

Ils sont très résistants au calcaire, n'ont pas une bien bonne reprise au greffage.

Berlandieri × Riparia 420 A.

Se distingue par un feuillage superbe, vert foncé brillant et se caractérise mieux encore par la couleur rouge carmin que prennent les nœuds des sarments à l'état herbacé. Les sarments aoûtés sont striés de couleur noisette foncé lavé de rouge, avec rayures longitudinales plus foncées. Il paraît jusqu'ici posséder à un degré élevé les caractères du groupe, résistance au phylloxéra, à la chlorose, à la sécheresse, vigueur, reprise à la bouture et à la greffe, régularité de la fructification de ses greffes. C'est un sujet de premier ordre pour les sols calcaires meublés, superficiels ou profonds.

Berlandieri × Riparia 420 B

Ressemble beaucoup au 420 A, il est cependant un peu moins vigoureux quoique aussi résistant à la chlorose.

Berlandieri × Riparia 157 H

Se rapproche davantage du Riparia par ses caractères ampélographiques et davantage du Berlandieri par ses caractères culturaux, s'enracine assez bien, reprend mal à la greffe sur sable, mieux à la greffe en place.

Bien résistant au phylloxéra et à la chlorose. ses greffes sont aussi très fertiles, il s'accommode aux terrains un peu humides.

Rupestris × Berlandieri

C'est toujours pour corriger le Berlandieri au point de vue de la difficulté de reprise au bouturage, tout en conservant ses autres qualités, qu'on l'a hybridé au Rupestris. Ces hybrides sont de vigueur moyenne, buissonnants, plus rustiques que les Berlandieri × Riparia, mais un peu moins résistants à la chlorose et au phylloxéra, quoique suffisants vis-à-vis de ce dernier. Leurs racines sont puissantes ce qui leur donne une supériorité dans les terres caillouteuses, perméables, plus ou moins sèches. Ils sont de multiplication facile, se greffent bien et leurs greffes sont bien fertiles.

Rupestris × Berlandieri 301 A et 219 A

Ces deux porte-greffes ont une grande vigueur et une rusticité qu'ils doivent au Rupestris. Aussi permettent-ils la reconstitution des sols caillou teux, arides où végéteraient mal les Berlandieri Riparia. Ils se bouturent et se greffent facilement.

Solonis Riparia

Issu du croisement entre le Solonis et le Riparia, M. Couderc a obtenu des cépages ayant les aptitudes du Solonis et la résistance au phylloxéra du Riparia ; parmi ces hybrides deux sont à citer, le n° 1616 dont les sarments sont tomenteux et le n° 1615 dont les sarments sont glabres ; tous les deux sont caractérisés par la fécondité, le 1616 parait généralement plus vigoureux que le 1615. Ce sont en quelque sorte des Riparia améliorés pouvant plus facilement que ces derniers supporter le calcaire, la compacité et l'humidité.

Solonis × Riparia 1616

Il représente à la fois le caractère du Riparia et du Solonis, sa résistance au phylloxéra est bonne, ainsi qu'à la chlorose ; il peut venir dans les terrains ayant jusqu'à 25 % de calcaire, il convient dans les sols argileux, non compacts, humides.

Son affinité est meilleure que les Riparia pour les greffons, sa vigueur est bonne et donne une fructification régulière.

Hybrides Franco-Américains

Mourvèdre Rupestris 1202

Très vigoureux, produit de très gros sarments
ramifiés, racines puissantes, attaquées par le
phylloxéra, mais se défendant bien, grâce à la
très grande puissance de sa végétation, sa résistance est suffisante pour le phylloxéra, après une
période de plus de douze années de grande culture, mais il serait peu prudent de le placer
en sols superficiels et secs ; par contre, il fait
merveille dans les sols profonds, riches ou sablonneux, dans les marnes, même très calcaires, jusqu'à 50 %, car il résiste bien à la chlorose, mieux
même que l'aramon Rupestris Ganzin no 1, il
reprend bien à la greffe, grossit beaucoup du
tronc et ses greffes sont d'une fertilité satisfaisante.

C'est en résumé un excellent porte-greffe pour
terrains frais calcairés, la faveur dont il jouit
pour ces terrains est justement méritée.

Aramon Rupestris Ganzin N° 1

Très vigoureux, tient beaucoup du Rupestris
par sa feuille, et davantage du Vinifera par son
bois, qui est gros ; se distingue du n° 2, dont la
valeur culturale est très inférieure par ses feuilles
plus petites, à dents plus aiguës et par son bourgeonnement qui est bronzé ou cuivré. Il est très
vigoureux, résiste assez bien au phylloxéra malgré les nombreuses lésions qu'il porte sur ses
racines charnues ; elles se défendent d'autant
mieux que le sol est frais et riche ou sablonneux,
il résiste bien à la chlorose, un peu moins que

le 1202 cependant; comme ses racines sont puissantes, c'est dans les terres argilo-calcaires dures, fraîches de préférence, qu'il a surtout sa place ; son feuillage est sensible au mildiou, les greffes qu'il porte doivent être sulfatées une fois au moins de plus que sur d'autres porte-greffes ; il s'enracine bien mais se soude très mal à la greffe et il faut beaucoup de précaution pour en avoir la reprise.

La vigueur de l'aramon Rup. Ganz. est très grande on lui reproche quelquefois de pousser les greffes à une fructification irrégulière et de faire couler ses fruits. Cette coulure est due à sa grande végétation et peut être corrigée par une taille longue, mais cela arrive seulement que dans les premières années de récolte, car le porte-greffe, tel qu'il soit, obtient une grande végétation par le défoncement et les engrais employés pour la plantation, mais au bout de 4 à 5 années la coulure disparaît et l'aramon Rupestris Ganzin fait un excellent porte-greffe.

Aramon Rupestris Ganzin N° 2

Se distingue facilement du n° 1 par ses feuilles plus grandes, arrondies, et par son bourgeonnement vert clair au lieu d'être bronzé. C'est un assez bon porte-greffe, mais inférieur au n° 1, surtout au point de vue de la résistance à la chlorose et il est moins résistant au phylloxéra.

Chasselas × Berlandieri N° 41 B

Il tient beaucoup du Berlandieri par la forme de ses feuilles, l'épaisseur du parenchyme et par ses sarments profondément cotelés. C'est un porte-greffe vigoureux se développant lentement pendant les premières années, émettant un petit nombre de racines très grosses, charnues et plongeantes.

S'enracine et se greffe assez facilement et ses greffes sont excessivement fructifères. C'est de l'hybride Franco-Américain le plus résistant au phylloxéra, en général ses racines sont indemnes de piqûres; comme résistance à la chlorose, il est supérieur à tous les autres porte-greffes les plus répandus ; il reste vert dans les sols les plus chlorosants et dans les craies presque pures des Charentes, c'est le seul porte-greffe parmi les plus connus qui ait bien résisté à l'action du calcaire ; aucun de ces derniers n'a une aire d'adaptation aussi étendue. C'est le porte-greffe indiqué pour les terres les plus calcaires, sèches de préférence ; il ne convient pas dans les marnes humides, ni dans les terres non calcaires.

Le 41 B est par excellence le porte-greffe pour les terres crayeuses ou argilo-calcaires, contenant jusqu'à 60 % de calcaire.

En résumé, pour ces terrains, c'est un porte-greffe merveilleux possédant toutes les qualités désirables, possédant les avantages du Berlandieri sans en avoir les défauts. Bonne résistance au phylloxéra et à la chlorose, bonne affinité, bonne fructification régulière, donnant entière satisfaction à ceux qui l'ont cultivé.

Bourrisquou Rupestris 601 et 603 ·

Ces deux hybrides doivent au Bourrisquou leur grande rusticité et leur résistance au calcaire. Le 601 a un aspect général du Rupestris à port érigé, alors que le 603 a l'aspect général du Vinifera × Rupestris à port étalé. La résistance est bonne au phylloxéra et à la chlorose, dans les sols contenant jusqu'à 40 à 50 % de calcaire.

Le 601 supporte un peu mieux le calcaire que le 603 ; il paraît convenir, de préférence, dans les terres argilo-calcaires compactes, même peu profondes. Le 603 peut pousser dans ces mêmes sols, mais il a en plus, la faculté de bien venir dans les terrains secs, relativement superficiels.

Cabernet × Rupestris 33

Peu connu, presque confiné dans les champs d'expériences, cette variété est remarquable par sa résistance à la chlorose.

Les Cabernets × Rupestris 33 ressemblent au point de vue des caractères au Rupestris. Ils sont au nombre de trois : 33 A, 33 A^1 et 33 A$_2$. Actuellement on emploie surtout le 33 A^1 le plus vigoureux. Sa résistance au phylloxéra est suffisante. Ces hybrides sont très résistants à la sécheresse et s'accommodent bien à la pauvreté du sol, leur véritable place est donc dans les terres maigres, pauvres, sèches et argilo-calcaires ainsi que dans les sols secs et compacts. Ils se bouturent et se greffent bien.

Gamay Couderc

Les jeunes pousses et les jeunes feuilles sont d'un vert tendre, brillantes, glabres, les feuilles adultes sont assez découpées, trilobées, au point où le pétiole de la feuille s'insère sur la feuille on constate des plis, comme si la feuille avait été pincée.

La résistance au phylloxéra est douteuse. Il peut supporter jusqu'à 40 pour cent de calcaire. Il convient dans les sols calcaires marneux suffisamment riches et frais, il se comporte moins bien dans les terrains calcaires secs. On a abandonné de plus en plus ce porte-greffe car il a une tendance à faire couler ses greffes.

Chapitre Deuxième

PRINCIPAUX CÉPAGES

Cépages Blancs

Aligoté (syn.) Plant Gris, Griset Blanc, Giboulot, cépage de la Bourgogne, maturité 1re époque tardive, il craint le mildiou et la pourriture grise, sa fructification est irrégulière, son vin est de bonne qualité.

Bicane (syn.) Panse Jaune, Raisin des Dames, Olivette Jaune, maturité 3e époque, c'est une variété de table donnant un joli raisin.

Chasselas de Fontainebleau (syn.) Chasselas de Thomery, maturité 1re époque, c'est le plus beau et le plus répandu, il donne des grappes moyennes, tantôt claires, tantôt serrées à grains moyens d'un jaune doré au soleil.

Colombard (syn.) Pied Tendre, cépage des Charentes, demande à être greffé sur porte-greffe poussant à fructifier, maturité 2e époque tardive, très fertile, craint l'oïdium.

Clairette (syn). Clairette de Trans, Blanquette, maturité 3e époque, cépage cultivé dans les régions du midi, donnant un vin de bonne qualité.

Fendant Roux. Maturité 2e époque, cépage du Maine-et-Loire, donnant un vin de très bonne qualité, les raisins ont la forme Chasselas et sont dorés à maturité.

Folle Blanche (syn.) Enrageat, Plant Madame, Grosse Chalosse, Picpoul, Gros-Plant, cépage de 3ᵉ époque cultivé en Charente, Poitou et Loire-Inférieure, le vin qu'il donne est peu alcoolique et acide, commun et peu apprécié mais il donne à la distillation des eaux-de-vie universellement réputées.

Gamay Blanc. Maturité 2ᵉ époque, hâtive, sensible à la pourriture, demande des terrains plutôt secs et ensoleillés, taille courte.

Gros-Plant (voir *Folle-Blanche*).

Jurançon (Quillar). Cépage de troisième époque cultivé en petite quantité dans tout l'ouest, c'est un cépage ayant le 'port érigé, son vin est très ordinaire, sans acidité.

Madeleine Angevine. Vigne à raisin de table, maturité première époque, hâtive, ayant des grappes à grains moyens, à chair ferme et sucrée, elle craint l'oïdium et le mildiou.

Madeleine Céline. Variété moins sujette à la coulure que la précédente, à grains moyens, d'un beau jaune doré.

Melon (Bourguignon blanc). Bourgogne blanche, Gamay blanc, muscadet de la Loire-Inférieure, maturité première époque tardive. C'est le cépage d'abondance de la Bourgogne, les grappes sont petites, nombreuses, le vin est de bonne qualité.

Meslier Saint François (syn.) Gros Meslier, Meslier du Gâtinais, cépage de deuxième époque cultivé dans l'Orléanais, fertile, donnant des vins d'assez bonne qualité.

Muscadelle, maturité deuxième époque, cépage du Bordelais. La Muscadelle s'emploie surtout en mélange avec le Sauvignon et le Semillon, car, seul, il donne un vin parfumé un peu trop prononcé ; demande la taille courte.

Muscat blanc (ou Muscat de Frontignan), cépage de deuxième époque, produisant de bons raisins de table et surtout d'excellents vins de liqueur parmi lesquels se trouvent les Frontignan et Lunel. Il débourre tard, il est assez vigoureux, demande une taille courte ; sa production est faible.

Muscat d'Alexandrie. C'est incontestablement le meilleur des muscats blancs. Fertile, un peu sujet à la coulure les premières années. Cette variété est cultivée à Malaga (Espagne), où elle est très appréciée. C'est avec la taille en tête de saule qu'on en obtient les plus jolis fruits ; il produit une belle grappe allongée à grains très gros, à chair ferme, sucrée, agréablement musquée, à peau fine, prenant une couleur dorée. Ces raisins se conservent très bien au fruitier. Les meilleurs raisins secs de Malaga sont obtenus avec ce raisin.

Muscadet. Cépage cultivé dans le Maine-et-Loire et la Loire-Inférieure ; c'est surtout sur les coteaux de la Sèvre où il est cultivé en grande quantité. Maturité de première époque, il vient bien dans les coteaux pierreux, demande une taille courte. Le vin qu'il produit est d'excellente qualité et fait le meilleur vin de bouteille que l'on puisse trouver ; il a un bouquet particulier très agréable et pèse 12 à 13 degrés. Ce cépage fait le Vallet si justement apprécié. Il a la qualité de faire un bon vin de bouteille dès la première année.

Pascal blanc (syn.) Brun blanc, cépage de deuxième époque qu'on cultive dans le Var et les Bouches-du-Rhône, il fournit un vin blanc assez ordinaire.

Pinot blanc ou **Chardonnay** (syn.) Noirieu blanc, Pinot blanc Chardonnay en Côte d'Or, le Beaunois à Chablis, Auxerrois blanc en Lorraine, Plant doré en Champagne, Gamay blanc en Franche-Comté, Auvernat blanc dans la vallée de la Loire. C'est le meilleur des cépages de la Bourgogne pour la production des vins blancs fins, sa maturité est de première époque tardive ; c'est un cépage très vigoureux, à feuilles moyennes, les grappes sont peu nombreuses et sont petites avec grains ronds petits d'un joli jaune doré. Ce cépage n'a toutes ses qualités de finesse que dans les terres argilo-calcaires pierreuses, il demande une taille longue surtout dans les sols fertiles. C'est pour la Bourgogne un cépage de grande valeur.

Pinot de la Loire (syn.) Chenin Blanc. C'est ce cépage qui fournit les grands vins fins du Maine-et-Loire, les célèbres coteaux de Vouvray, de Rochecorbon et de Saumur. L'on transforme les vins fins blancs légers en mousseux qui sont très estimés et d'une grande valeur.

Précoce de Malingre. De même précocité que la Madeleine Angevine, de bonne fertilité, son fruit, sans avoir de grandes qualités pour la table, trouve cependant un débouché en raison de sa grande précocité. Il est cultivé pour son vin dans les régions septentrionales, nous le rencontrons dans le Calvados où il mûrit bien, il fournit un vin sans grande valeur, peu corsé.

Roussanne (syn.) Roussette, Fromenteau dans l'Isère, Bergeron en Savoie, cépage de 2ᵉ époque, il donne des vins blancs excellents sur les coteaux secs et chauds, il est d'une fertilité moyenne et peu productif.

Saint-Emilion. Cépage cultivé en Charentes. C'est ce cépage que l'on cultive en Provence sous le nom de Ugni blanc, il vient bien dans les sols profonds frais, il craint un peu l'oïdium, ce cépage vaut mieux que la Folle Blanche, le vin est plus alcoolique, 10° à 11° et moins acide, maturité 3ᵉ époque.

Sauvignon (syn.), Blanc Fumé, maturité 2ᵉ époque, la taille courte lui convient, on peut le vendanger lorsque les raisins ont un peu de pourriture noble. Le vin qu'il donne est très fin, d'une belle couleur dorée et possédant un goût musqué délicieux. C'est un cépage du Bordelais, on le mélange souvent avec le Sémillon et la Muscadelle.

Savagnin (syn.) Traminer dans la vallée du Rhin, Bon Blanc dans le Doubs, Fromenté dans la Haute-Savoie, maturité 2ᵉ époque, cultivé principalement dans le Jura, c'est lui qui donne les meilleurs vins blancs, qui sont liquoreux et qui sont célèbres sous le nom de Vins Jaunes de Château-Chalons.

Le Savagnin se plaît dans les terres argilo-calcaires et on lui applique une taille longue.

Sémillon (syn.) Chevrier, Goulu blanc, maturité de deuxième époque. Le Sémillon est le cépage qui constitue le fond des vignes des *grands vins de Sauternes*.

Le Sémillon prospère surtout en coteaux, dans les sols argilo-calcaires, forts ou graveleux, à sous-sols argileux, marneux et rocheux ; on lui applique la taille courte dans les terrains peu fertiles ou demi-longue dans les sols fertiles, on ne le vendange qu'à maturité maximum. On rencontre ce cépage quelque peu dans le Maine-et-Loire, mais c'est surtout en Gironde où il est le plus cultivé, formant des vins d'un bouquet extraordinaire.

Cépages rouges

Alicante Henri Bouschet (syn.) Roussillon, Carignane. Grande production, gros grains, belle végétation, n'est pas sujet à la coulure ; sa maturité est précoce, produit un très bon vin rouge grenat qui pèse suivant les années, 9 à 10 degrés. Cette vigne est très vigoureuse, les sarments sont allongés, les mérithalles courts, les bourgeons gros et pointus, le feuillage est luisant et d'un vert foncé. Chaque sarment porte trois à quatre belles grappes, grosses, très longues, ailées et à beaux grains ronds. Le jus est abondant et coloré ; maturité hâtive, il se plait avec une taille courte, il est très sujet aux maladies. Ce cépage forme les gros vins du Roussillon.

Aramon (syn.) pisse-vin, uni noir en Provence, gros bouteillan dans le Var. Le plant riche dans l'Hérault, maturité de troisième époque, à gros grains très juteux, c'est le plus productif des cépages méridionaux, arrivant à donner 400 hectolitres à l'hectare, il est le plus fertile, ce qui lui permet, même après une forte gelée printanière, de donner encore une demie récolte.

L'Aramon vient à peu près dans tous les terrains, il redoute le mildiou et l'oïdium. Le vin est variable de qualité, dans les plaines il est faible, peu coloré et acide, il a une meilleure qualité sur les coteaux.

Balzac (syn.) Clairette noire, Beni Carlo, maturité troisième époque. C'est un cépage de Charente, son vin n'a pas une bien grande qualité, mûrissant tard, il est souvent faible et acide, ce cépage ne mûrirait pas dans les régions septentrionales.

Cabernet Sauvignon. Maturité deuxième époque un peu tardive, c'est ce cépage qui fait le *meilleur vin de Bordeaux*, il constitue en grande partie le fond des meilleurs vignobles Bordelais où il est cultivé un peu partout et avec raison. Il est vigoureux et exige une taille longue, produisant de magnifiques raisins dont le précieux jus donne un bouquet spécial au vin du Médoc. Il est peu sujet au mildiou mais sensible à l'oïdium et à l'anthracnose. Les Cabernets Sauvignon sont la base de l'encèpagement de tous les vignobles produisant des vins fins du Bordelais. Ce cépage constitue des vins de tout premier ordre, ils sont un peu durs les premières années mais à vieillir ces vins sont d'une qualité, d'un bouquet incomparable portant le nom de Bordeaux.

Chasselas Roses

Chasselas Falloux. Cette variété peut être considérée comme une des meilleures des Chasselas roses, elle est très fertile et son fruit est d'une finesse remarquable, les grappes sont moyennes et les grains d'un gris rosé, sucrés à saveur délicate, taille courte, maturité 1re époque tardive.

Chasselas rose Royal. La grappe est un peu petite et les grains moyens, de couleur rose vif, juteux d'une très grande finesse, il est très fertile, ne coulant pas, maturité 1re époque, le fruit se conserve, c'est une variété d'une grande valeur et très recommandable.

Chasselas Tramontaner. Cette variété a beaucoup de ressemblance avec la précédente, on la confond même l'une pour l'autre.

Chasselas violet. Couleur rose violet foncé, maturité 1re époque tardive, n'a pas tout à fait la même finesse que les précédents.

Clairette rose. Possède tous les caractères de la Clairette blanche, son fruit est bon, ne coulant pas, maturité 3e époque.

Grec rouge. Variété très méritante dont les fruits sont excellents pour la cuve, et très appréciés pour le dessert, très fertile, les grappes sont très grosses, compactes, les grains moyens, très juteux, sucrés et à saveur fine.

Milton. Bonne variété à jolie grappe moyenne, grains moyens à peau colorée en joli rose foncé, à chair ferme et croquante, sucrée et agréablement relevée, maturité 2e époque hâtive.

Muscat de Madère de moyenne fertilité, grappe moyenne, courte, peu serrée, à grains d'un rose foncé qui passe au rouge à surmanté, chair ferme très sucrée, maturité 2ᵉ époque.

Olivette rose. De maturité très tardive, cette variété produit plutôt un fruit d'ornement que de dessert, car il lui faut beaucoup de chaleur pour mûrir complètement, mais les grappes sont d'une grosseur peu ordinaire.

Chasselas Noirs

Aspiran noir, excellent raisin de table et de cuve très estimé dans le midi de la France, grains à peau fine et chair très juteuse, à saveur fraîche finement relevée, demande un coteau fertile.

Frankenthal (syn.) Black Hambourg (Chasselas de Jérusalem). Ce chasselas a de grosses grappes pyramidales, peu serrées à gros grains dont la pellicule est résistante. Il se conserve bien, il est très répandu dans le Nord et en Angleterre ou on le cultive en serre. Il est très recherché sur les marchés pour sa beauté, c'est un raisin de table très recommandable, maturité première époque.

Muscat de Hambourg. C'est, sans contredit, la meilleure variété de Muscat noir, de fructification un peu irrégulière, c'est avec une taille courte et dans les sols chauds bien exposés qu'elle donne le plus de fruits et les meilleurs au moins sous le climat méridional, la grappe n'est jamais trop serrée, est élégante avec ses gros grains ovoïdes et pruinés, la peau est fine, la chair croquante, juteuse, sucrée d'une saveur musquée, très fine, moins acccentuée que les autres Muscats, il se conserve longtemps au fruitier l'hiver. C'est un des plus précieux raisins de table, maturité 2e époque.

Noir hâtif de Marseille. Assez fertile rustique maturité 1re époque, c'est une variété très intéressante, la grappe et le grain sont moyens, la chair un peu ferme, très sucrée à saveur musquée, il supporte bien l'emballage et le transport.

Œillade précoce, variété très fertile à taille courte, maturité deuxième époque, sa grappe est assez grosse, généralement bien fournie, d'une saveur très sucrée.

Cinsaut (syn.) Bourdalès dans les Pyrénées-Orientales; Bourdalas dans les Hautes-Pyrénées; Cinq-Saou dans l'Hérault, Plank-d'Arles dans le Vaucluse ; Marocain dans l'Ariège ; Morterelle dans la Haute-Garonne ; cépage deuxième époque, produisant l'un des meilleurs vins du midi. Il est vigoureux, fertile, et on le cultive comme raisin de table.

Corbeau (syn.) Douce noire, plant de Montmeillan, plant de Savoie, cépage de 3e époque, vigoureux, fertile, donne un vin peu alcoolique et acide, demande une taille longue.

Côt ou Malbec, on l'appelle aussi plant de roi à Auxerre, c'est un cépage connu dans toutes les contrées viticoles. En Touraine il est connu sous le nom de Cot et en Gironde sous le nom de Malbec, où il est mélangé avec le Cabernet sauvignon et le Merlot pour faire les *vins de Bordeaux*. Le vin est meilleur que celui du Cabernet la première année, mais il est inférieur au bout de deux ou trois ans. Il est très vigoureux et fertile, il craint un peu la coulure, il lui faut une taille longue, maturité première époque tardive.

Dégoutant (syn.) Petit noir, maturité deuxième époque, cépage cultivé en Charentes donnant un vin pesant 9 à 10 degrés avec un peu d'acidité, c'est un bon cépage pour le nord car il mûrit bien.

Durif (syn.) Pineau de l'Ermitage, gros Noirin, ce cépage est originaire de l'Isère. grappe très grosse, serrée grains moyens, jus très coloré et sucré, maturité fin de la première époque, ce cépage est très fertile et productif, excellent pour la cuve. La taille courte ou demi-longue lui convient. Le Durif est cultivé en Charente et en Gironde ou il produit abondamment et régulièrement un bon vin noir, délicat, plus fort que celui du corbeau.

Enfariné (syn.) Lombard noir, Gaillard dans l'Yonne; terre noire en Haute-Marne; Gouais noir en Bourgogne et dans l'Aube; c'est un cépage de deuxième époque, vigoureux et fertile dans les terres fortes. Il donne un vin généralement peu alcoolique, mais d'assez bonne qualité, il demande une taille longue.

Folle noire (syn.) Enrageat rouge, Dame noire, Vigne très vigoureuse, très productive, et très rustique, cultivée en Gironde et en Charentes; produit un vin léger mais abondant, feuille petite cotonneuse, maturité deuxième époque.

GAMAYS

Gamays à jus incolore

Gamay noir, Bourguignon noir, Gamay Beaujolais, Petit Gamay. C'est un cépage très répandu dans tous les vignobles français, mais c'est surtout dans le centre, Le Beaujolais, la Saône-et-Loire, l'Aube, l'Yonne et la Côte-d'Or, où il est le plus cultivé. Les grappes sont serrées, grains moyens, chair molle, juteuse, sucrée. Maturité hâtive de première époque. Produit un vin très fin et d'une très grande valeur dans le Beaujolais et la Bourgogne, le débourrement est précoce, la taille courte lui convient.

Gamay précoce de Juillet, ou Gamay hâtif Dormoy. Ce cépage est aussi fertile que le Gamay du Beaujolais, il possède tous les caractères de ce dernier. Il n'en diffère que par une maturité plus hâtive de trois semaines à un mois. Avec la reconstitution du vignoble nous avons remarqué que ce cépage a pris beaucoup d'extension, c'est avec juste raison, car c'est un cépage précieux et d'une grande valeur pour les régions septentrionales, sa récolte est assez bonne, 80 à 100 hectolitres à l'hectare. Le vin de ce gamay est de très bonne qualité, assez coloré et d'un bon degré alcoolique. C'est un cépage des plus recommandable sous tous les rapports.

Gamay d'Arcenant. C'est une variété excessivement productive, les grappes sont énormes et les grains sont très serrés, produisant beaucoup de jus, d'un vin de bonne qualité.

Gamay rond. C'est le meilleur des gamays au point de vue de la qualité du vin, c'est ce cépage qui fournit les grands crus du centre qui ont tant de valeur et qui sont tant réputés, il n'a qu'un défaut c'est qu'il donne peu, la grappe est courte et ronde, dans le centre on l'appelle le gamay des gamays. Les vignerons du centre feront bien de conserver ce cépage car il fait leur richesse.

Gamay de Bévy. Le Gamay de Bévy est encore un gamay ayant de grandes qualités pour la région du centre, le vin est d'une grande finesse et est assez productif, il lui faut une taille un peu courte, il est très fructifère et ne coule pas.

Gamays à jus coloré ou teinturier

Gamay Fréau, murit à première époque, son feuillage vert sombre passe au pourpre foncé à l'automne, son raisin a un jus très coloré, c'est le meilleur des teinturiers, il unit la qualité du vin à la couleur, son rendement est satisfaisant, il est vigoureux, résiste bien à la coulure, et à la pourriture, c'est un cépage précieux pour le centre, des plus recommandables.

Gamay de Bouze, c'est un cépage vigoureux excessivement productif, est sujet au mildiou, les grappes sont moyennes, serrées, jus très coloré, maturité première époque, le vin est d'assez bonne qualité, mais c'est néanmoins celui qui donne le vin le plus ordinaire des gamays.

Gamay de Chaudenay, c'est un teinturier très recommandable sous tous les rapports, il est très productif, la coloration du vin est très intense dans le début, et s'éclaircit un peu ensuite. Les contre bourgeons sont des plus fertiles, nous l'avons vu gelé complètement et donner une récolte passable.

Gamay Castille, il ressemble un peu au Fréau mais son feuillage est plus foncé, il est d'un rouge vif, le vin est très coloré, il est un peu moins productif que le Fréau et craint un peu la coulure.

Grand noir de la Calmette, ce cépage produit abondamment de beaux raisins et produit un beau vin rouge, cette variété est très vigoureuse et très fertile, il est sujet au mildiou. Il est cultivé principalement en Charente, où il donne de très bons résultats, il débourre tard, ses grappes sont grosses, coniques, les grains moyens, rend un jus d'un rouge vineux assez prononcé, c'est un cépage qui mérite avoir une grande place dans les vignobles de l'ouest, maturité deuxième époque.

Groslot de Cinq Mars, cépage de deuxième époque cultivé sur les bords de la Loire ; c'est un cépage qui donne en abondance un vin léger peu alcoolique ne se conservant pas toujours très bien, le vin récolté dans le Maine-et-Loire est meilleur que celui récolté sur la côte de l'Atlantique, ce dernier a beaucoup d'acidité.

Merlot, c'est un des plants les plus estimés, autant par la qualité de son vin que par l'abondance de sa production, sa maturité est de première époque, La grappe est arlée et les grains ronds, d'un beau noir chair juteuse, sucrée bien relevée, peau un peu mince, peu résistante. Le bois est dur, roux, gros et plein de vigueur, les feuilles sont amples, rugueuses et très découpées.

Le Merlot est cultivé surtout en Gironde et en Médoc, on lui donne une taille longue. Il est vigoureux et rustique, se plait dans les sols argilo-sablonneux forts et riches, ses racines craignent l'humidité. C'est un des meilleurs cépages de la Gironde produisant les vins de Bordeaux.

Mondeuse (syn.), Persagne, maturité troisième époque, c'est un cépage débourrant très tard et par suite peu exposé aux gelées, il est très vigoureux et très rustique se prêtant bien à la culture en souche basse, à taille courte sur les coteaux, et en treilles, à taille longue dans les vallées, il est très fertile et très productif, le vin est très ordinaire, acide et dur avec un faible degré, ce cépage a une bonne résistance aux maladies cryptogamiques.

Morrastel, cépage de troisième époque que l'on confond quelquefois avec le mourvèdre dont il diffère cependant par ses feuilles d'un vert sombre, à lobes plus arrondis, et surtout par les feuilles naissantes des extrémités du sarment qui sont rougeâtres chez lui, tandis qu'elles sont blanchâtres dans le Mourvère (Foëx). Le Morrastel donne un vin très coloré, mais le rendement est peu élevé, il se plaît dans les terrains ou coteaux forts et argileux, ne craint pas la pourriture, mais redoute la coulure et l'oïdium.

Limberger. Le Limberger est un bon cépage, son vin a une belle couleur et est d'excellente qualité, sa souche est vigoureuse et fertile, sa grappe résiste mieux à la pourriture que celle du Gamay, elle se conserve mûre assez longtemps sur la souche.

En résumé c'est un cépage à propager, maturité première époque.

Othello. L'Othello greffé se propage beaucoup dans les vignobles de l'ouest depuis quelques années, c'est bien à tort, car on pourrait trouver un cépage donnant un vin meilleur que ne le donne l'Othello ; c'est un cépage de deuxième époque qui peut rendre quelques services en le cultivant en petite quantité, son vin est ordinaire, il est fructifère.

Persan, Aguzelle dans la Savoie, Batarde dans l'Isère. Cépage de deuxième époque, vigoureux, rustique, fertile, il occupe avec la Mondeuse une partie importante des vignobles de la Savoie, il donne un vin dur, on le cultive à taille courte, il n'est pas très résistant aux maladies cryptogamiques.

PINOTS

Le Pinot (syn.) Noirien de Bourgogne, Franc Pinot, Vérot dans l'Yonne, Auvernat noir, Plant noble dans le centre, Rouget dans le Jura et la Haute-Savoie, Morillon noir autour de Paris, Petit Bourguignon dans le Beaujolais. C'est le cépage fin de la Bourgogne, celui qui donne les grands vins fins si réputés.

Sa maturité est de première époque hâtive, les grappes sont petites à grains serrés, petits, presque sphériques.

Le Pinot demande des sols calcaires, ferrugineux, riches en acide phosphorique. Dans les sols à grande fertilité on lui applique une taille longue, mais dans les sols à fertilité moyenne on lui applique une taille courte.

Pinot noir fin, ce cépage fait partie des meilleures variétés de la Bourgogne, son vin a une finesse incomparable.

Pinot de Pernant, cette variété est une des plus tardive de la série des Pinots, c'est une variété à grosse production mais qui ne donne pas un vin de qualité supérieure.

Le Pinot Giboudot, est un cépage produisant un vin ordinaire, il est cependant supérieur au Pinot de Pernant. Dans cette famille de Pinot, il s'en trouve, qui ne donnent pas également un vin supérieur tels que le Pinot de Renevey, le Pinot Mathouillet, le Pinot Pansiot, le Pinot Carnot, le Pinot Liebault, toutes ces variétés sont productives, mais ne donnent qu'un vin ordinaire.

Pinot Moure, ou Pinot Tête de Nègre, dont les grains sont d'un beau noir, remarquable.

Pinot gris, cette variété est aussi un peu cultivée mais beaucoup moins que le Pinot noir fin.

Pinot Meunier, ou Gris Meunier en Champagne, cette variété produit également un vin de tout premier choix, il produit un peu plus que le Pinot fin, mais donne un vin moins estimé.

Pinot St-Laurent, c'est une variété alsacienne, très productive et mûrissant plus facilement que le Pinot noir fin, le vin est d'assez bonne qualité.

Portugais bleu, ce cépage a été introduit dans le Beaujolais en grande culture par M. Pulliat, il est très précoce, très productif, et donne un vin d'excellente qualité, c'est un cépage qui devrait être plus répandu qu'il ne l'est vu ses grands avantages dans les régions septentrionales. Il vient bien sur les coteaux et de préférence dans les terrains calcaires et siliceux. Il est assez ressemblant au Limberger, et de même maturité. C'est un cépage à propager.

Poulsard, Plant d'Arbois dans le Doubs, Mescle dans l'Ain, est un cépage dont la maturité est de deuxième époque, il donne les meilleurs vins du Jura et du Doubs, son vin est un peu acide et dur au début, se colore en vieillissant et prend un bouquet très fin. Les raisins du Poulsard servent à la fabrication des vins de paille.

Syrah, ou Marsanne noire, est un cépage de deuxième époque, le plus estimé dans la région des Côtes du Rhône, très vigoureux et peu fertile, si l'on n'a pas le soin de sélectionner les boutures à la plantation. Il produit des vins fermes, se conservant très bien, alcooliques, riches en couleur, parfumés, d'une qualité extra bonne.

Tannat, cépage de l'Armagnac. Dans tous les vignobles de cette contrée domine le Tannat, il vient bien sur les coteaux argilo-calcaires, et produit un excellent vin, très alcoolique et se conservant bien.

Teinturier du Cher, cépage de première époque, peu vigoureux, peu fertile, donnant un jus très coloré et un vin médiocre, c'est une variété qui est abandonnée de plus en plus car il y a des variétés de Teinturiers qui lui sont bien supérieures, comme le Gamay Fréau par exemple.

Terret. Le Terret noir est un des cépages fin du midi, avec l'Aspiran, le Cinsaut et l'Œillade, ce sont là les meilleurs cépages méridionaux. Il est productif, il donne sur les coteaux d'excellents vins, réputés, comme les vins de St-Georges. Malheureusement le midi voulant récolter abondamment a reconstitué beaucoup plus avec les Aramons, ils contiennent un grand rendement de la qualité. Dans le Languedoc on cultive le Terret gris pour faire des vins blancs d'assez bonne qualité.

Chapitre Troisième

LA CULTURE DE LA VIGNE

Si est une culture en France qu'on soit en droit de qualifier de nationale, c'est bien celle de la vigne ; car c'est elle qui contribue pour la plus large part à la richesse de notre pays de France ; 78 départements sur 86 se livrent à la culture de la vigne ; et sur ces 78 la plus grande partie vivent à peu près exclusivement de son produit. Aucune autre culture ne saurait lui être comparée.

Aucune autre culture, parmi celles des plantes utiles n'a été l'objet d'études et de préoccupations aussi nombreuses que celle de la vigne. Elle a pris sous le nom de Viticulture une large place dans l'agriculture, comme l'une des bases les plus solides de la prospérité française, elle offre à l'agriculture, un produit largement rénumérateur ; pour le commerce c'est la source de transactions multiples, et pour l'Etat une matière d'impôt des plus productives.

La Viticulture a eu à surmonter bien des crises pénibles. Le phylloxéra a été l'ennemi le plus redoutable et il a fallu pour éviter la ruine totale, greffer nos vignes françaises sur des vignes américaines résistantes ; ensuite les maladies cryptogamiques sont venues, nécessitant de nouveaux traitements ; puis actuellement nous avons à combattre *La Cochylis et l'Eudemis* qui ont fait des ravages incalculables dans tous les vignobles français depuis quelques années.

Beaucoup de Viticulteurs, de toutes régions inquiets et découragés par ce nouveau fléau, nous ont demandé ces dernières années, si nous arriverons à trouver des traitements pratiques pour la destruction de la Cochylis et de l'Eudemis. Que ces propriétaires ne se découragent pas, nous eur donnons à notre chapitre spécial le moyen de les détruire ; et ensuite nous les tiendrons au courant des nouvelles études qui seront faites, et de leurs résultats. Mais cette crise qui a traversé les vignobles durant ces dernières années, peut être arrêtée et dès la prochaine récolte, revoir la vigne, par la qualité et l'abondance de ses produits, donner la plus lucrative ressource que la terre puisse donner.

Notre but dans cette brochure étant d'insister particulièrement sur les maladies de la vigne et la vérité sur les producteurs directs, nous passerons donc tous ces chapitres très brièvement, d'autant plus que la culture de la vigne est connue partout et laisse nulle part, rien à désirer.

A titre de renseignement nous donnons aux pages suivantes quelques statistiques sur les récoltes des vins en France.

PRODUCTION DES VINS EN FRANCE

DE 1850 à 1896

ANNÉES	HECTOLITRES	ANNÉES	HECTOLITRES
1850......	45 millions	1873......	35 millions
1851......	39 —	1874......	63 —
1852......	28 —	1875......	84 —
1853......	28 —	1876......	41 —
1854......	15 —	1877......	56 —
1855......	11 —	1878......	48 —
1856......	21 —	1879......	26 —
1857......	35 —	1880......	30 —
1858......	53 —	1881......	35 —
1859......	29 —	1882......	31 —
1860......	39 —	1883......	36 —
1861......	29 —	1884......	35 —
1862......	37 —	1885......	29 —
1863......	51 —	1886......	25 —
1864......	50 —	1887......	24 —
1865......	68 —	1888......	30 —
1866......	63 —	1889......	23 —
1867......	39 —	1890......	27 —
1868......	52 —	1891......	30 —
1869......	70 —	1892......	29 —
1870......	54 —	1893......	50 —
1871......	56 —	1894......	39 —
1872......	50 —	1895......	27 —

PRODUCTION DES VINS EN FRANCE

DE 1897 A 1908

ANNÉES	SUPERFICIE plantée en vignes en hectares	PRODUCTION évaluée en Hectolitres
1897	1.688.931	32.351.000
1898	1.706.513	32.282.000
1899	1.697.734	47.908.000
1900	1.730.451	67.353.000
1901	1.735.345	57.964.000
1902	1.733.338	39.884.000
1903	1.689.087	35.402.000
1904	1.641.142	66.017.000
1905	1.669.257	56.666.000
1906	1.697.867	52.079.000
1907	1.649.157	66.070.000
1908	1.654.366	60.545.000

RELEVÉ PAR DÉPARTEMENTS

DES RÉCOLTES 1906, 1907, 1908

DÉPARTEMENTS	1906	1907	1908	NOMBRE D'HECTARES PLANTÉS EN VIGNES
Ain................	542.145	429.288	797.715	16.032
Aisne.............	79.707	36.206	31.540	1.766
Allier.............	386.909	564.345	557.476	12.694
Alpes (Basses)	63.490	79.234	83.031	5.725
Alpes (Hautes)....	24.090	30.869	35.476	2.410
Alpes Maritimes...	73.415	94.921	88.359	6.234
Ardèche..........	356.295	466.651	522.289	17.429
Ardennes.........	4.411	1.774	2.846	270
Ariège...........	110.000	164.853	97.518	4.616
Aube.............	152.000	112.588	129.763	5.105
Aude.............	4.310.189	8.383.584	6.497.172	117.948
Aveyron..........	303.135	458.357	500.506	12.493
Bouches-du-Rhône	894.144	1.349.828	1.257.267	27.341
Calvados	»	»	»	»
Cantal............	7.227	6.034	6.790	236
Charente	738.795	794.307	524.357	22.537
Charente-Inf{re}.....	2.254.591	2.175.760	1.451.585	57.278
Cher	289.585	224.581	233.121	8.117
Corrèze..........	99.692	105.171	92.765	3.857
Côte d'Or	903.324	679.199	929.317	24.847
Côtes-du-Nord....	»	»	»	»
Creuse............	989	484	362	33
Dordogne.........	980.735	1.019.258	1.043.040	43.687
Doubs.	69.092	50.553	69.498	3.117
Drôme	250.830	326.826	444.619	17.091
Eure	4.550	1.441	2.629	215
Eure-et-Loir	15.124	6.952	2.773	634
Finistère.........	»	»	»	»
Gard	2.228.496	4.248.077	4.146.770	71.479
Garonne (Haute)..	856.629	1.208.024	927.271	31.331
Gers.............	900.000	1.334.396	758.210	51.015
Gironde..........	3.611.624	5.439.234	3.343.622	138.888
Hérault..........	8.200.000	13.395.227	13.479.176	178.928

DÉPARTEMENTS	1906	1907	1908	NOMBRE D'HECTARES PLANTÉS EN VIGNES
Ille-et-Vilaine.....	275	151	152	8
Indre............	290.000	289.437	277.845	14.496
Indre-et-Loire.....	2.100.000	759.957	692.502	42.439
Isère	527.662	492.571	853.647	25.298
Jura............	317.431	142.946	530.562	10.801
Landes..........	320.447	598.630	203.050	20.330
Loir-et-Cher......	1.419.014	654.545	547.364	28.948
Loire...........	325.031	560.838	778.322	15.505
Loire (Haute).....	49.761	30.757	88.001	4.610
Loire-Inférieure...	1.155.755	631.542	389.365	26.864
Loiret..........	507.492	283.690	257.381	12.710
Lot............	262.191	459.841	566.759	24.679
Lot-et-Garonne ...	1.017.586	1.086.737	798.769	44.065
Lozère..........	23.080	25.051	26.573	1.069
Maine-et-Loire....	1.354.826	725.935	398.249	34.401
Manche..........	»	»	»	»
Marne..........	453.832	299.565	127.284	13.870
Marne (Haute)....	144.368	140.693	97.095	5.497
Mayenne.........	5.720	2.377	1.483	148
Meurthe-et-Moselle	266.070	271.261	352.846	11.670
Meuse..........	79.973	97.807	108.989	5.697
Morbihan........	51.260	31.507	25.173	1.574
Nièvre..........	253.200	155.480	133.794	6.679
Nord	»	»	»	»
Oise...........	1.060	694	691	46
Orne...........	»	»	»	»
Pas-de-Calais.....	»	»	»	»
Puy-de-Dôme.....	507.414	622.665	753.832	19.054
Pyrénées (Basses).	414.121	506.828	217.816	15.323
Pyrénées (Hautes).	53.829	119.565	67.956	5.061
Pyrénées Orient[les].	1.797.489	4.520.983	3.386.611	60.832
Rhône..........	988.000	1.172.434	1.776.796	39.208
Saône (Haute)....	109.825	97.797	123.421	4.410
Saône-et-Loire....	1.391.790	1.204.771	3.306.525	42.418
Sarthe..........	157.835	74.717	78.232	5.897
Savoie..........	274.768	197.042	530.737	10.157

DÉPARTEMENTS	1906	1907	1908	NOMBRE D'HECTARES PLANTÉS EN VIGNES
Savoie (Haute)....	209.705	95.327	238.492	5.900
Seine............	11.116	5.909	3.983	251
Seine-Inférieure...	»	»	»	»
Seine-et-Marne....	46.778	28.807	28.739	2.100
Seine-et-Oise......	115.618	64.145	39.832	3.770
Sèvres (Deux).....	260.546	191.348	95.973	6.723
Somme..........	40	»	»	3
Tarn	977.771	1.168.005	1.288.173	27.008
Tarn-et-Garonne..	605.459	706.862	713.173	25.459
Var.............	1.345.077	1.753.803	1.665 899	53.857
Vaucluse	690.370	866.663	914.191	33.005
Vendée.........	685.530	594.433	352.747	15.850
Vienne	1.072.356	465.318	204.654	20.611
Vienne (Haute)....	3.138	2.165	2.358	207
Vosges	117.000	130.000	44.692	4.688
Yonne..........	606.820	550.882	427.787	17.949
TOTAUX......	52.079.052	66.070.273	60.545.265	1.654.366

Culture Superficielle de la Vigne [1]

Nous insisterons sur ce chapitre seulement à la culture superficielle de la vigne. Ce sujet étant à l'étude, par un grand nombre d'expérimentateurs, nous nous contenterons d'énumérer leurs résultats et leurs appréciations.

D'APRÈS M. L'ABBÉ ROZIER *de son dictionnaire d'agriculture pratique*. On laboure trop souvent les vignes, cet usage a mille inconvénients particulièrement les binages d'été ; lorsque les années sont trop riches, on se plaint que les vignes ne poussent pas, c'est que le hâle y pénètre trop aisément, l'humidité manquant, la sève est plus rare et la végétation se ralentit et finit par s'arrêter tout à fait, les binages ouvrent trop les pores de la terre.

Peut-on voir une plus belle végétation que celle des vignes en treilles le long des murailles, dans les rues et dans les cours à la campagne ? Sont-ce les labours qui la favorisent ? non, c'est l'humidité que le soleil ne peut absorber sous les pavés.

Dans les climats chauds et les terrains secs et pierreux de l'Espagne, de la Provence, du Lyonnais, dans certaines régions du centre, du Maine-et-Loire, on ne laboure jamais les vignes en été, les racines s'insinuent dans les fentes des rochers et vont à de grandes profondeurs chercher l'humidité, ces vignes poussent beaucoup et produisent de gros raisins.

Les labours sont plus efficaces surtout dans

---

[1] Extrait du volume sur la *Culture superficielle de la vigne* par DEGUILLY et L. RAVAZ.

les terrains glaiseux, mais ce ne doit être que de simples grattages donnés l'un avant l'hiver et l'autre avant le printemps ; les labours profonds dans les terrains secs ne peuvent que nuire à la vigne

Pour M. l'abbé Rozier, les labours sont nuisibles parce qu'ils déchaussent, déracinent les ceps et dessèchent le sol ; il recommande les serclages pour détruire les mauvaises herbes.

D'après M. E. Penaud. — Viticulteur à Libourne. — Le début de mes essais date du printemps de l'année 1901 et eut pour cause initiale, une cause de circonstances fortuites qui, me privant à cette époque d'une grande partie de mon personnel, m'acculèrent inopinément à ce pressant dilemne.

Ou labourer mes vignes, ou laisser le champ libre aux maladies cryptogamiques, déjà menaçantes. Un seul moment d'hésitation n'était pas possible, surtout pas de saison et pour sauver ma récolte, je fus obligé de faire radicalement la part du feu, c'est-à-dire de laisser mon vignoble complètement inculte jusqu'aux vendanges.

Une production de 715 hectolitres que me donnèrent ces vignes (en friche), comme on disait dans le pays, vint dissiper les dernières appréhensions qui pouvaient encore subsister dans mon esprit et me décider à passer enfin le Rubicon, mon siège était fait, et je devais désormais non continuer l'inculture, mais bien supprimer totalement mes charrues vigneronnes, pour les remplacer par des instruments de travail superficiel.

Arrivé aujourd'hui à ma cinquième année de culture superficielle, je crois pouvoir considérer ce problème comme résolu et être en mesure de conclure que la vigne a tout à perdre et rien à gagner aux labours profonds.

D'APRÈS LE Dᴿ JULES GUILLOT. — *Dans la culture de la vigne.* — La vigne se plaît dans les sols arides à leur surface, dans les sols qui reçoivent directement l'air et le soleil, ces sols fussent-ils de cailloux ou de roc ; l'humidité et la fraîcheur ne sont favorables à la vigne que dans les profondeurs du sol où ses longues racines savent les trouver, aussi les cultures profondes ne sont-elles point nécessaires à la vigne, surtout dans les terrains légers. Depuis longtemps l'expérience a prononcé à cet égard.

Les vignerons d'Argenteuil se gardent bien, pendant le cours de la végétation, de remuer profondément la terre de leurs vignes, ils se contentent de racler très superficiellement le sol, pour entretenir sa propreté. La pratique contraire, essayée souvent, a été définitivement rejetée par eux à cause de ses mauvais résultats.

En Savoie, les cultures données à la vigne se réduisent à deux, l'une en Mars-Avril, l'autre en Juin-Juillet, dans certaines localités on se contente même de la première.

Dans la montagne de bons vignerons m'ont soutenu qu'un troisième labour était funeste à la vigne. Il ne faut pas sans doute que la vigne soit tourmentée par des labours profonds, mais trois ou quatre binages superficiels sont tous extrèmement profitables.

Expériences faites par MM. Frémont en Charente (1). — Si je viens prendre la parole dans ce débat sur le labourage ou le non labourage des

---

(1) Progrès Agricole et Viticole.

vignes, c'est que votre journal est assez répandu dans notre pays et que plusieurs viticulteurs sont déjà venus me trouver pour me demander mon opinion. Je connais le non labourage des vignes établi en principe dans une propriété de la Charente, ou les récoltes en folle blanche atteignent 100 à 110 hectolitres à l'hectare.

L'idée qui a présidé à cette culture est celle-ci. Un sol très calcaire devient d'autant plus chlorosant qu'il est plus remué, puisqu'il est exposé à l'air en plus grande partie, l'adaptation des porte-greffes américains y sera donc d'autant meilleure, et d'autant plus facile qu'il sera moins souvent travaillé.

La culture de la vigne se réduit donc aux soins anticryptogamiques, à l'attachage pour les vignes sur fil de fer et au grattage du sol à un demi centimètre de profondeur.

Pour terminer, nous donnerons les conclusions de MM. DEGRULLY ET L. RAVAZ, sur les expériences faites à l'école d'agriculture de Montpellier que nous prenons dans leur ouvrage sur la culture superficielle de la vigne.

1º Les jeunes vignes, depuis la plantation jusqu'à l'âge de trois ans, doivent recevoir de bons labours ordinaires. Les premières racines, en effet, naissent toutes profondément et il est de la plus haute importance de faciliter l'aération des couches où elles se développent.

2º Pour les vignes plus âgées, l'expérience a montré jusqu'ici que la culture superficielle est préférable à la culture profonde dans tous les sols compacts humides ou moyens. On ne doit pas oublier qu'elle n'a toute son efficacité que lorsqu'elle s'oppose au développement des mauvaises herbes. La culture superficielle s'est montrée également avantageuse dans les sols sableux du littoral, très secs à la surface mais ou le plan d'eau s'établit habituellement à une faible profondeur. Par contre, les calculs que nous avons établis et l'expérience montrent que dans les terrains secs, caillouteux, perméables, ou le plan d'eau est très bas, où par suite les racines tendent aussi à s'établir dans les couches inférieures les labours profonds restent indiqués et doivent donner des résultats meilleurs qu'une culture systématiquement superficielle.

Chapitre Quatrième

La Taille de la Vigne

Il est de toute nécessité d'opérer la taille de la vigne car abandonnée à elle-même elle prend un développement énorme, les sarments s'allongent beaucoup et se multiplient, il y a une grande production de bois, au détriment des fruits qui restent petits, leur maturité est fort irrégulière et la production variable.

La taille de la vigne consiste à supprimer les sarments inutiles, tous les ans, elle a pour but d'assurer une fructification, et de maintenir la vigne sous une forme et un développement déterminés.

Dans chaque région, et pour chaque cépage même, il y a une taille préférée, nous ne parlerons que des principales : *1° La taille en gobelets ; 2° la taille Guyot ; 3° la taille Sylvoz ; 4° la taille Casenave ; 5° la taille Marcon ; 6° la taille de Royat.*

La taille en Gobelets. — La taille en gobelets est constituée par un tronc plus ou moins haut, sur lequel partent des bras qui se divergent en tous sens, formant le vase. Pour former le gobelet nous donnons ci-dessous la façon suivie depuis longtemps par toute la région du centre. La deuxième année de plantation, le cep est taillé très court, et on ne garde qu'une pousse unique, la plus forte que l'on pince aussitôt qu'elle atteint o^m^20 de longueur, à la suite de ce pincement l'entre cœur situé à l'aisselle de la feuille de taille se développe, on le supprime, c'est alors l'œil principal qui organise une pousse que l'on palisse verticalement. Il se forme à la base de cette pousse un renflement très apparent à la surface duquel on peut voir des yeux multiples, au printemps suivant, on taillera sur ce renflement pour obtenir 3, 4 ou 5 pousses partant du même niveau, parmi lesquelles on choisit celles qui doivent former la charpente du vase et que l'on taille à courson.

Le nombre de bras et de coursons varie avec la vigueur de la vigne et la fertilité du terrain, ordinairement on laisse de 3 à 4 bras.

La taille en gobelets est relativement la meilleure de toutes, elle a une influence énorme sur la qualité du vin qu'elle produit, car il est reconnu que cette taille, donne au vin un degré de plus d'alcool que celui récolté avec tous les systèmes de taille à long bois sur fil de fer.

La Taille Guyot. La taille Guyot n'a qu'un courson et un long bois, elle est très en vogue, cette taille entraine l'existence d'un grand nombre de rameaux sur un même sarment, aucun de ces rameaux ne peut prendre un grand développement, et il est très difficile de trouver parmi eux, le remplacement nécessaire pour l'année suivante.

C'est donc le bois du courson qui refait la vigne tous les ans. On complète la taille longue par un courson qui fournit des sarments plus vigoureux pour le remplacement ; tous les ans on fait de même, on supprime le vieux bois qu'on remplace par un sarment nouveau, avec un courson sur la tête de la souche.

Taille Guyot double, cette taille diffère de la première parce qu'elle a deux sarments et deux coursons, elle est bonne pour les terrains fertiles, et les cépages à grand rendement, mais avec cette taille et certains cépages, on y perd beaucoup sur la qualité du vin. Cette taille est recommandable pour les vignes sujettes à la coulure.

On établit la taille Guyot de la manière suivante :

1re année. — On ne conserve qu'un sarment que l'on taille à un œil.

2e année. — On n'a également qu'un sarment que l'on taille à deux yeux.

3e année. — Des deux sarments poussés pendant la deuxième année, l'un est taillé à deux yeux, c'est pour faire le courson, l'autre est taillé à 20 ou 30 centimètres, puis recourbé et fixé sur le fil de fer, pour former la branche fruitière. Donc, dès la troisième année la taille est établie.

Taille Sylvoz, cette taille est employée dans les vignobles de l'Isère et de la Savoie où les gelées printanières sont fréquentes et tardives, elle remplace avantageusement dans ces pays montagneux, la forme en treillage qui existait autrefois.

Cette taille est longue à se former. A la troisième année lorsqu'on a obtenu un sarment vigoureux, ayant atteint le fil de fer du milieu, on le courbe sur ce fil de fer de façon qu'un œil se trouve placé au-dessus de la base de la courbe. L'extrémité du sarment est taillé avec un œil situé en dessous, qui devra fournir le prolongement du cordon. Puis l'année suivante on conserve à la partie supérieure cinq à six branches à fruit d'une longueur de 35 à 40 centimètres qu'on arque vers le sol en les fixant au premier fil de fer. Le remplacement de ces branches à fruit se fait par un des sarments, issu de la base de ces longs bois. L'arçure de ces branches fruitières augmente leur fertilité et assure de beaux bois de remplacement.

Taille Cazenave. Ce système de taille, comprend l'installation de la vigne en cordons horizontaux, permanents, avec longs bois et coursons. Chaque cordon porte quatre à six branches à fruit, avec autant de coursons de deux yeux placés au bas de chaque sarment.

A la troisième année de plantation, on laisse pousser sur le cep deux rameaux vigoureux, dont l'un servira à former la charpente du cordon. Si la végétation le permet à la taille d'hiver on doit rechercher à former le cordon sur toute sa longueur. Il est bon de procéder à l'ébourgeonnement qui consiste à supprimer tous les bourgeons qui se trouvent sur la tige et sur la courbure.

Cette taille n'est pas pratique, elle ne peut donner satisfaction que dans des terrains relativement très riches et avec certains cépages d'un grand développement.

Taille Marcon. Basée sur les principes suivants : Taille à un long bois sans courson, on dépouille le sarment des yeux inférieurs, on ne conserve que ceux qui se trouvent dessus, mais il nait également des rameaux sur l'empatement qui finit par devenir comme une tête de saule donnant des pousses nouvelles chaque année.

Tous les ans une des pousses bien choisie est réservée à la taille pour servir de courson ou de branche à bois, on lui enlève ses yeux inférieurs ; l'année suivante on choisit un sarment parmi ceux qui sont sortis des bourgeons réservés à la partie supérieure pour en faire une branche fruitière. La vigne se trouve donc à avoir au même point : 1º des jeunes rameaux de l'année ; 2º une branche à bois ; 3º une branche à fruit. Cette dernière est supprimée à la base l'année suivante où elle a servie de branche à fruit.

Cette taille est fort coûteuse, il faut des tuteurs et trois rangées de fil de fer, il est vrai qu'elle est très productive, mais toujours au préjudice de la qualité.

Taille de Royat. On établit la taille de Royat de la manière suivante. Lorsqu'on a obtenu un sarment vigoureux la troisième année on le courbe sur le fil de fer en l'attachant de façon qu'un rang de bourgeons soit en dessus, et que l'autre rangée soit en dessous regardant le sol, on le taille à un œil placé en dessous, puis on supprime tous les yeux sur la partie verticale du cep. La quatrième année les sarments que porte le cordon sont taillés à deux yeux et constituent les bras de cordon. Le sarment de prolongement est taillé sur un œil placé en dessous à une longueur de 50 centimètres environ et on ébourgeonne les yeux du dessous.

La cinquième année chacun des bras a donné pendant la quatrième année deux sarments, dont l'un est taillé à deux yeux et l'autre supprimé ; la sixième année les coursons taillés à deux yeux donneront deux sarments, dont le plus haut sera supprimé à la taille et le plus bas sera taillé à deux yeux, puis les années suivantes, on procède de la même manière que la cinquième et sixième année.

Cette taille est établie dans beaucoup de régions viticoles, elle a l'avantage d'étaler les sarments. ce qui facilite l'aération et l'éclairage des grappes, ainsi que les traitements contre les cryptogames,

LES ENGRAIS DE LA VIGNE

La vigne comme les autres végétaux a besoin d'aliments pour vivre, tous les viticulteurs connaissent l'action générale qu'exerce la fumure, l'expérience montre que la terre plantée en vigne s'épuise, et si on ne lui restitue pas les divers principes qu'elle perd, elle devient improductive.

Il y a deux sortes d'engrais.

1° Les engrais chimiques ;

2° Les engrais organiques ;

Les Engrais Chimiques

Les plus importants sont :

L'azote ;

L'acide phosphorique ;

La potasse ;

La chaux.

L'Azote

L'azote est le plus important de ces quatre éléments, sans lui la vie de la plante ne saurait exister, l'azote favorise la végétation, il pousse à la production des feuilles et des sarments, mais toutes les fois que la terre manquera d'azote, la vigne aura une végétation languissante, elle sera dépourvue de sarments et ne pourra fournir une récolte satisfaisante.

Pour que le développement et la fructification

se fassent dans de bonnes conditions, il faut que la vigne trouve des quantités proportionnées de potasse et d'acide phosphorique ; au cas où la vigne trouverait un excès d'azote, la végétation serait exagérée au détriment de la fructification.

Il est donc utile, que l'association des divers aliments soit proportionnée, afin que leur action sur la plante s'exerce simultanément, il faut donc qu'il soit accompagné de quantités suffisantes d'acide phosphorique, de potasse et de chaux.

Les engrais qui fournissent de l'azote sont :

1° L'azote organique ;

2° L'azote ammoniacal,

3° L'azote nitrique ;

4° L'azote libre ;

1° L'azote organique est l'azote qui entre dans la composition des matières organiques, telles que le fumier, le sang, la corne, le cuir, etc., employés comme engrais azotés, les résidus de végétaux, les débris de feuilles et de tiges, toutes ces matières organiques se transforment en humus.

Le sang desséché se présente au commerce sous forme de petits grains noirs, sa composition pour cent, est celle-ci :

Azote..................	10 à 12
Acide phosphorique..	0.5 à 1.5
Potasse..............	0.6 à 0.8

La viande desséchée est un engrais azoté d'une grande valeur et d'une action rapide, cet engrais est souvent fraudé, dans le commerce il est bon de le faire analyser.

Les matières cornées. Dans le commerce on utilise comme matières cornées des déchets de corne de toutes sortes livrés par l'industrie et provenant des fabriques de peignes, de boutons, etc., ces déchets se présentent sous formes de rognures, ils contiennent de 12 à 15 % d'azote.

Les déchets de cuir sont fournis par les tanneries, dosent 7 à 9 % d'azote. Les déchets de laines proviennent des différentes manipulations des filatures, ils renferment 3 à 4 % d'azote.

2° *L'azote ammoniacal*. Le plus employé de cet engrais est le sulfate d'ammoniaque, il se présente sous la forme de cristaux solubles dans l'eau, quand il est pur il contient 21 % d'azote. cet engrais est préférable pour les terres argileuses fortes, que pour le calcaire.

3° *L'azote nitrique*. Le plus employé de cet engrais est le nitrate de soude, il est blanc étant pur et contient 16,50 d'azote % ; cet engrais s'utilise au moment où les plantes en ont besoin, car il est très soluble dans l'eau et les terres ne le retiennent pas.

4° L'azote libre est celui que contient l'air.

L'Acide Phosphorique

Le commerce livre à l'agriculture l'acide phosphorique sous trois formes :

1° Les phosphates naturels.
2° Les superphosphates.
3° Les scories de déphosphoration.

1° *Les phosphates naturels* sont connus sous le nom de phosphates de chaux. Les phosphates des Pyrénées contiennent 60 à 70 % de phosphate de chaux.

Les craies phosphatées de l'Oise contiennent de 15 à 30 % de chaux.

Les sables phosphatés de la Somme et du Pas-de-Calais, contiennent en moyenne 70 à 75 % de phosphate de chaux.

Les phosphates des Ardennes contiennent 25 à 30 % d'acide phosphorique.

2° *Les superphosphates*. Ils résultent de l'action de l'acide sulfurique sur les phosphates naturels. Avant le traitement, le phosphate naturel ne contient que de l'acide phosphorique insoluble dans l'eau et après le traitement le superphosphate contient :

1° De l'acide phosphorique soluble dans l'eau ;

2° De l'acide phosphorique insoluble dans l'eau mais soluble dans le citrate d'ammoniaque ;

3° De l'acide phosphorique insoluble à l'eau et au citrate.

Superphosphates d'os proviennent de l'action de l'acide sulfurique sur les sulfates d'os que nous avons cités, ils contiennent de 15 à 20 % d'acide phosphorique soluble à l'eau et au citrate.

C'est la richesse en acide phosphorique soluble à l'eau et au citrate qui caractérise la valeur des superphosphates.

3° *Les scories de déphosphoration*. Les scories de déphosphoration sont des résidus de fabrication qu'on obtient en traitant des fontes phosphoreuses, pour la fabrication de l'acier. Ces scories se laissent déliter à l'air et sont ensuite concassées grossièrement, et moulues ensuite puis livrées à l'agriculture.

Les scories Thomas contiennent 15 à 22 % d'acide phosphorique.

La Potasse

De tous les éléments enlevés par la vigne c'est évidemment la potasse qui joue le plus grand rôle. Elle est indispensable, en effet, dans la formation du fruit, et son prix modique fait que l'emploi en est chaque jour plus grand.

On a constaté en tout temps que les engrais potassiques exerçaient une grande influence sur la vigne. Lorsque par suite de la trop grande quantité de fumures azotées, les vignes poussaient à bois, sans que le fruit put se former : il était facile de voir que l'apport de cendres aux vignobles, tout en laissant une végétation vigoureuse hâtait la formation du raisin et augmentait sa production.

Les principaux engrais à base de potasse sont :

1º Le sulfate de potasse.

2º Le carbonate de potasse.

3º Le chlorure de potassium.

4º Le nitrate de potasse.

5º Le sulfo carbonate de potassium.

6º La kaïnite.

1º *Le sulfate de potasse*, chimiquement pur, contient 540 grammes de potasse par kilogramme, on le retire des mines de Stassfurt où il est généralement combiné avec des chlorures et constitue la kaïnite. Le sulfate de potasse est soluble dans l'eau, il convient à tous les terrains.

2º *Le carbonate de potasse*, est peu employé en agriculture à cause de son prix élevé. Les rendements supplémentaires qu'il procure ne paraissent pas devoir couvrir les frais d'achat, pour cette raison nous ne pouvons le recommander.

3⁰ Le Chlorure de potassium, sont des sels riches, un kilogramme de cette substance contient 631 grammes de potasse pure. On les extrait des mines de Stassfurth et des eaux mères des marais salants. On emploie de plus en plus en viticulture les engrais à base de potasse, leur prix modique les fait rechercher. Le chlorure de potassium n'est à sa place, que dans des terres bien pourvues de calcaire et dont le sous-sol est imperméable.

4⁰ Le nitrate de potasse est à la fois engrais potassique et engrais azoté, l'emploi de cet engrais risque d'apporter au sol une quantité d'azote plus grande qu'il ne faut. Le nitrate de potasse a deux défauts qui l'empêchent de se vulgariser, il coûte d'abord fort cher et en second lieu a l'inconvénient de ne pouvoir être utilisé dans les terrains perméables ou en pente parce qu'il est entrainé par les eaux, il contient :

13 kil. 845 d'azote $^0/_0$
et 46 kil. 500 de potasse.

5⁰ Le sulfo-carbonate de potassium. C'est M. Dumas qui a signalé les propriétés insecticides de ce produit, il a été employé dans la lutte contre le phylloxéra. Il se décompose en sulfate de carbone qui agit comme lorsqu'il est employé isolément et en carbonate de potasse qui jouit de propriétés fertilisantes. Il possède 25 kilogrammes de potasse pure pour 100 kilogrammes.

6⁰ La kaïnite est retirée des mines de Stassfurth, se compose de sel de chlorure de potassium, de sulfate de potasse, de chlorure de magnésium dans des proportions variables. La kaïnite contient

12 à 13 % de potasse, elle doit être réservée aux vignes à sol calcaire et à sous-sol perméable.

La Chaux

On fournit la chaux aux vignes sous forme de plâtre. Le plâtre est du sulfate de chaux, on le rencontre dans la nature où il constitue des roches importantes, Montmartre par exemple, où il porte le nom de pierre à plâtre. Il est plus employé en agriculture que la chaux vive, car celle-ci a l'inconvénient de se transformer à l'air en carbonate de chaux. Le plâtre ne doit pas être donné seul à la vigne, il est bon de lui adjoindre des phosphates et de la potasse — 100 kilogs de plâtre renferment 37 kilogs de chaux et 49 kilogs d'acide sulfurique.

Les Engrais Organiques

Sous le nom de fumier de ferme, on désigne l'association de tous les excréments des animaux avec la litière. Le meilleur des engrais pour la vigne est le fumier de ferme, mais ordinairement les pays viticoles n'ont pas à leur disposition les mêmes quantités de fumier que les régions faisant l'élevage, et sont obligés d'avoir recours aux engrais chimiques.

Le fumier de ferme contient tous les principes fertilisants nécessaires aux plantes, il est bon également pour l'amélioration du sol. Voici sa composition :

Azote 0.5
Acide phosphorique 0.8
Potasse 0.5

Le fumier de ferme agit lentement mais longtemps sur la vigne. Mélangé avec de la terre de
route, ce terreau convient parfaitement à la
vigne.

Les Compost. — On appelle compost le mélange
de tout ce que l'on rencontre dans la ferme, les
terres provenant des fossés, les marnes, les cendres, la suie, les balayures, les balles de céréales,
les débris de fruit, en un mot tout le débris de la
ferme qui constituent un engrais pour la vigne des
plus fertilisants, et ne coûtant pas cher.

DEUXIÈME PARTIE

DEUXIÈME PARTIE

LES PRODUCTEURS DIRECTS

Chapitre Premier

Les Producteurs directs Anciens

Aucun des producteurs directs anciens n'est vraiment recommandable, aussi les passerons nous en revue très brièvement, du reste ils sont suffisamment connus et même que trop connus, pour certains propriétaires qui se sont lancés dans cette voie. Aucun des producteurs directs anciens, n'a une valeur suffisamment démontrée pour qu'on ait avantage à le substituer à un cépage français, greffé sur un porte-greffe américain bien résistant.

Mais hélas, il est incalculable, le nombre d'hectares empoisonnés chaque année, avec ces variétés qui ne donnent que des déceptions dans l'avenir; tantôt ils pêchent par leur manque de résistance au phylloxéra ou autres maladies cryptogamiques, tantôt leurs vins sont défectueux et laissent beaucoup à désirer au point de vue de la stabilité de couleur, tantôt la production est insuffisante.

Nous avons toujours découragé les propriétaires de faire de grandes plantations avec ces variétés. Comme ces propriétaires doivent nous remercier de les avoir mis dans la bonne voie en les encourageant à reconstituer leur vignoble avec des plants greffés, qui ont l'avantage de maintenir l'ancienne réputation des vins français.

CLAIRETTE DORÉE GANZIN

Aramon Rupestris Ganzin × Grosse Clairette

Producteur direct blanc, maturité 3ᵉ époque. — Assez vigoureux en bons terrains, assez fructifère donnant des fruits savoureux et des vins relativement d'assez bonne qualité dans certaines régions du midi, mais ne produit pas dans les départements placés trop au nord.

Sa résistance phylloxérique 10 × 20 n'est pas suffisante.

NOAH

Producteur direct blanc, maturité 2ᵉ époque. — Le noah a été obtenu d'un semis de Taylor, probablement fécondé accidentellement par un V. Labrusca. Souche vigoureuse et d'une belle végétation, ses feuilles sont très grandes, caractérisées par trois bouts pointus, elles ne sont pas indemnes de mildiou, ni ses grappes non plus, qui subissent quelquefois les atteintes du Rot. Il commence à porter des fruits dès la 3ᵉ année, mais sa fructification est généralement petite.

On obtient avec le Noah, un vin blanc très alcoolisé, il est regrettable que sa chair soit si épaisse, renfermant genéralement trois graines assez grosses.

Le mauvais goût de son vin le rend impropre au rôle de producteur direct, il est meilleur pour l'alambic que pour la cuve, on peut lui enlever un peu son goût foxé au moyen de soutirages répétés et en le méchant, mais il conserve plus ou moins son goût et même les eaux-de-vie que l'on obtient avec ces vins, ont toujours un goût particulier qui n'ont aucune comparaison avec les eaux-de-vie obtenues avec les Folles des Charentes.

Le Noah vient bien dans les bons sols fertiles et frais mais redoute le calcaire.

Sa résistance phylloxérique est de 13×20.

OTHELLO

Clinton × Black. Hambourg

Producteur direct rouge, maturité 2ᵉ époque. — Souche vigoureuse, sarments moyens, feuilles adultes noirâtres, la pointe du sarment est roussâtre. Les grappes sont moyennes, grain gros, peau épaisse, il est un peu sujet à la coulure.

Il a été abandonné dans beaucoup de régions à cause de sa grande sensibilité au mildiou des feuilles et des raisins ; il est également susceptible à la mélanose.

Vu sa résistance trop faible au phylloxéra il ne peut résister que sous des climats tempérés ou froids et dans les sols fertiles et frais, pour favoriser la naissance annuelle des nouvelles radicelles.

Ce cépage est cependant d'une grande fertilité, il se met à fruit dès la troisième feuille, il est d'une maturité assez précoce, ce qui rend sa culture possible dans les régions septentrionales, c'est là seulement où il peut rendre quelques services, dans ces régions où les plants greffés produisent mal.

Mais son vin est inférieur au vin les plus ordinaires des cépages français, son vin a un goût et une odeur de fox, son degré varie entre 7 et 8.

Sa résistance phylloxérique est de 6 × 20.

HERBEMONT

V. Æstivalis V. Cinerea et V. Vinifera

Producteur direct rouge, maturité 3ᵉ époque. — Dans le début des plantations cette variété a été très en vogue dans certaines régions, on le rencontre encore dans le Sud-Ouest, il est doué d'une grande fertilité et d'une grande végétation, pousse bien dans beaucoup de terrains, sauf en sous-sol gravelleux ou marneux où il jaunit, il est très sujet à la chlorose dans les sols humides. Ses raisins rendent beaucoup de jus, le vin est délicat, un peu vert, d'une couleur rouge clair, il pèse environ 7 à 8 degrés. Il demande une taille longue, il n'est pas susceptible aux maladies.

Sa résistance phylloxérique est de 12 × 20.

JACQUEZ

Vitis, Æstivalis × Vinifera

Producteur direct rouge, maturité 2ᵉ époque. — Le Jacquez est un producteur direct par excellence de la région du midi, il aime la chaleur, dans le centre et l'ouest il est sujet à la coulure, au mildiou et à l'anthracnose. Le Jacquez a servi dans le début des plantations de vignes américaines à la reconstitution des terres fraîches et riches ; mais il a été remplacé ensuite par les Riparia-Rupestris et les Rupestris du Lot. Il est peu fertile en plaine, mais il réussit bien sur les coteaux, il jaunit dans les marnes blanches, mais il résiste à une forte dose de calcaire, il à beaucoup de vigueur, c'est ce qui l'entraine parfois à la coulure.

Son vin ressemble aux gros vins du midi tant il est noir, il à beaucoup de tannin.

Sa résistance phylloxérique est de 12 × 20.

AUXERROIS-RUPESTRIS

Rupestris Vinifera

Producteur direct rouge, maturité 2ᵉ époque. — On rencontre cette variété dans le sud-ouest, et un peu partout en petite quantité. Il est vigoureux en bonne terre, fraîche et profonde, mais ne résiste pas dans les terrains secs. Il craint extrèmement la chlorose, et son defaut principal c'est la coulure. Il promet toujours une belle récolte à la floraison et une fructification merveilleuse, malheureusement il coule ce qui réduit considérablement la production.

Un traitement est utile pour le mildiou.

Sa résistance phylloxérique paraît douteuse.

CLINTON OU PLANT POUZIN

V. Riparia × V. Labrusca

Producteur direct rouge, maturité 1ʳᵉ époque. — Il est assez productif, rèsistant aux maladies cryptogamiques mais peu au phylloxéra, il redoute le calcaire, aussi est il peu cultivée, excepté dans l'Ardèche et dans la Dròme, où les terrains argileux, profonds et riches lui conviennent particulièrement.

Sa résistance phylloxérique est de 8 × 20.

DUCHESS

Vinifera Labrusca V. Æstivalis

Producteur direct blanc, maturité 1re époque. — Souche vigoureuse, sarments grêles, ne s'aoû-tant pas toujours bien. Résistance passable aux maladies cryptogamiques. Les raisins sont moyens très bons pour la table, ne pourrissant pas, ce cépage est très fertile et atteint un grand déve-loppement de ses sarments dès la troisième année.

Sa résistance est presque nulle au phylloxéra 2×20.

Chapitre Deuxième

PRODUCTEURS DIRECTS NOUVEAUX

Hybrides Seibel

SEIBEL N° 1

Rupestris, Lincecumii Vinifera N° 70 de Jaeger

Producteur direct rouge, maturité 2ᵉ époque. — Souche vigoureuse, port étalé un peu buissonnant, sarments allongés de grosseur moyenne, bourgeonnement glabre vert clair, feuille rappelant le rupestris, plutôt petite, grappe moyenne, grains moyens ovoïdes, il porte souvent 3 à 4 grappes par sarment.

Cet hybride est très connu, il se cultive depuis longtemps dans toutes les régions viticoles, il résiste bien au mildiou, assez bien à l'oïdium et au Black-rot, mais il redoute l'anthracnose, estimé surtout comme ne craignant pas les gelées printanières, ni la pourriture, sa résistance au phylloxéra n'est seulement suffisante que dans les terrains frais, fertiles et profonds, ne contenant pas plus de 8 o/o de calcaire.

Il produit beaucoup et un raisin d'un grain assez gros et franc de goût, ainsi que le vin qu'il produit.

Les feuilles restent vertes jusqu'aux gelées d'automne.

La qualité de son vin est très variable et est assez difficile à décrire, dans le midi, son vin est convenable pesant 9 à 10 degrés, dans les régions septentrionales, le vin est acide et faible, mais toujours net de goût.

Analyse donne 7° 5 d'alcool ; 20 gr. d'extrait sec ; 5 gr. d'acidité ; 1 gr. 10 tannin.

SEIBEL N° 2

Rupestris Lincecumii × Vinifera

Producteur direct rouge, maturité 2ᵉ époque. — Le n° 2 est beaucoup moins cultivé que le n° 1. Souche vigoureuse, débourrement tardif, les feuilles sont grandes et dentelées, les grappes et les grains moyens sphériques donnant un vin fruité très coloré, un peu acide, il est un peu plus tardif que le n° 1 de quelques jours, sa résistance phylloxérique est inférieure au n° 1. Il résiste aux maladies, mais craint le Black-rot et a l'inconvénient de laisser tomber ses feuilles avant complète maturité, il est assez productif.

SEIBEL N° 14

Rupestris, Lincecumii × Vinifera

Producteur direct rouge. — *Maturité première époque.* Cet hybride a une grande vigueur, convient pour taille à grand développement. Il est résistant au phylloxéra, mais craint la pourriture grise, les grains fendent et pourrissent. Il donne une souche très vigoureuse et très fertile, feuillage suffisamment résistant pour se passer de traitements cupriques. Cet hybride porte de belles grappes à gros grains, demandant à être cueillies dès leur maturité. Le vin est sans arrière-goût.

SEIBEL N° 25

Rupestris, Lincecumii × Vinifera

Producteur direct rouge. — Maturité deuxième époque. — Vigueur moyenne, sa résistance phylloxérique est suffisante ainsi que pour les maladies cryptogamiques, il craint la pourriture grise. Cet hybride se tient bien en terrain frais, il est assez fertile, sa fructification est un peu faible, le raisin a un goût particulier, le vin qu'il produit est généralement faible, à intensité colorante considérable, couleur instable.

SEIBEL N° 29

Rupestris, Lincecumii × Vinifera

Producteur direct rouge. — Maturité deuxième époque. — Hybride assez vigoureux, assez productif, résistant au phylloxéra et aux maladies cryptogamiques, donnant un vin coloré, assez alcoolique, mais ayant un goût foxé spécial, partout on lui reproche ce goût fortement herbacé. Sa fructification est très bonne, les grappes toutes moyennes, le raisin ne pourrit pas.

Le vin est d'un rouge foncé vif, pesant environ 10 degrés et 9 grammes 5 d'acidité.

SEIBEL N° 41

Rupestris, Lincecumii × Vinifera

Producteur direct rouge. — Maturité deuxième époque tardive. — Très grande vigueur, feuillage d'un vert foncé intense, grappe de forme cylindrique, grain moyen très serré, saveur franche, résistant assez bien aux maladies cryptogamiques.

Le vin est acide et faible d'alcool, mais franc

de goût. Cet hybride étant un peu tardif, il vient bien dans les pentes un peu ensoleillées, où il produit un vin convenable arrivant à 8 degrés.

SEIBEL Nº 48

Rupestris, Lincecumii × Vinifera

Producteur direct rouge. — Maturité troisième époque. — Cet hybride est vigoureux, son feuillage est très sain, aucune maladie n'a de prise sur lui, sa production est bonne, les grappes et les grains sont gros et se conservent bien, ils ne pourrissent pas.

Le vin est rouge foncé, pesant 9 à 10 degrés avec 11 grammes d'acidité.

SEIBEL Nº 60

Rupestris, Lincecumii × Vinifera

Producteur direct rouge. — Maturité première époque. — Cet hybride est vigoureux et fertile et a une bonne résistance aux maladies cryptogamiques et à la pourriture. Sa production est abondante et très belle, les grappes sont grosses à gros grains, goût neutre, le vin est assez bon, peu coloré.

SEIBEL Nº 73

Rupestris, Lincecumii × Vinifera

Producteur direct rouge. — Maturité troisième époque. — Plant assez vigoureux, ayant une résistance très bonne pour les maladies cryptogamiques et suffisante pour le phylloxéra, la production est moyenne, plutôt faible, les grappes sont petites, ne pourrissent pas. Vu sa maturité tardive il ne peut être cultivé que dans les coteaux ensoleillés ou dans le midi. Le vin est d'un rouge clair

ayant un petit goût foxé, le degré variable entre
9 à 10 degrés et 7 grammes d'acidité.

SEIBEL N° 80

Rupestris, Lincecumii × Vinifera

*Producteur direct rouge. — Maturité première
époque.*— Vigueur moyenne, résistant au mildiou,
à l'oïdium et au phylloxéra, son feuillage est
sain et se conserve bien jusqu'en fin de saison.
Ce n° 80, est un 128 amélioré ; il demande de
bons sols et une taille demi-longue. Sa] production est moyenne, les grappes sont assez grosses,
et ne pourrissent pas.

Le vin est d'un rouge foncé, pesant 10 degrés
et 6 grammes 5 d'acidité.

SEIBEL N° 84

Rupestris, Lincecumii × Vinifera

*Producteur direct rose. — Maturité troisième
époque.* — Vigueur moyenne, résistance satisfaisante pour les maladies cryptogamiques et pour
le phylloxéra. La fructification est bonne, les
grappes moyennes ne pourrissant pas, le vin est
faible avec beaucoup d'acidité, 7 à 8 degrés et
13 grammes d'acidité, le vin est d'un beau rose
vif.

SEIBEL N° 117

Rupestris, Lincecumii × Vinifera

*Producteur direct rouge. — Maturité deuxième
époque.* — Bonne vigueur, feuillage sain, résistant
bien à toutes les maladies cryptogamiques, très
productif, fournit une belle vendange, mais les

raisins ne sont pas bons et le vin possède un goût foxé très prononcé qui le rend désagréable. Le vin est teinturier, très coloré, assez alcoolique 9 à 10 degrés avec 11 grammes d'acidité.

SEIBEL N⁰ 128

Rupestris, Lincecumii × Vinifera

Producteur direct rouge. — Maturité première époque. — Le Seibel n° 128 possède une grande vigueur, une fertilité suffisante, sa résistance est bonne au mildiou et à l'oïdium, ainsi que pour le phylloxéra, c'est un cépage précoce qui conserve un beau feuillage jusqu'aux vendanges. La fructification est bonne, porte plusieurs grappes sur chaque sarment. Le raisin est beau et bon, avec quelques ressemblances avec le Durif.

Le vin est très coloré, donnant à l'analyse, alcool 8 degrés, extrait sec 27 grammes, tannin 2 grammes 15, acidité 7 grammes, c'est un bon vin de coupage. Cet hybride est un des meilleurs de la série de M. Seibel.

SEIBEL N° 156

Rupestris, Lincecumii × Vinifera

Producteur direct rouge. — Maturité première époque. Cet hydride est assez précoce, analogue au Jacquez comme résistance au phylloxéra, mais craint un peu le Black-rot. Il débourre très tard, son feuillage est peu attaqué par le mildiou et l'oïdium, il prend un peu la mélanose. Il est préférable à bien d'autres, pour les terrains froids, cet hybride est très appréciable pour cette raison. Il est très productif, demande une taille longue, les grappes sont laches, allongées, les raisins sont bons. La production est satisfaisante, quelquefois inégale car il coule un peu, il est un peu sujet aussi à la pourriture.

Il donne un vin très coloré, assez alcoolique, et un peu parfumé, il a une grande intensité colorante, goût neutre, casse légèrement, c'est un vin apprécié pour les coupages, d'un beau rouge foncé vif. L'analyse donne alcool 8 degrés 5, extrait sec 27 grammes, acidité 6 grammes 5, tannin 2 grammes 25. C'est avec le 128 un des meilleurs hybrides Seibel.

SEIBEL N° 209
Rupestris, Lincecumii × Vinifera

Producteur direct rouge. — Maturité première époque tardive. — Cet hybride est assez vigoureux, fertile en bon terrain. Il est à peu près indemne de mildiou, mais un traitement lui est parfois utile, sa résistance est bonne à l'oïdium, mais il est très attaqué par le Rot-Brun.

On peut employer ce numéro pour remplacer les manquants des vignes greffées. Sa fructification est bonne. Gros raisins à gros grains, pesant jusqu'à 225 grammes et ne pourrissant pas. Il produit un vin assez alcoolique et très riche en couleur, c'est un vrai vin de coupage ; il pèse environ 9 degrés avec 8 grammes d'acidité.

SEIBEL N° 412
Rupestris, Lincecumii × Vinifera

Producteur direct blanc. — Maturité deuxième époque. — Cet hybride a une vigueur moyenne, sa résistance est passable aux maladies cryptogamiques, la fructification est faible et irrégulière, un peu sujet à la coulure. Sa résistance phylloxérique nous parait passable. Les raisins sont beaux, faisant un beau raisin de table ; il a la ressemblance du Chasselas. Le vin est faible et un peu acide.

SEIBEL N° 420

Rupestris, Lincecumii × Vinifera

Producteur direct blanc. — Maturité deuxième époque. — Cet hybride a une assez belle végétation, son feuillage et ses fruits sont résistants aux maladies cryptogamiques. Sa résistance phylloxérique parait assez bonne. Sa production est un peu faible, les raisins sont assez gros, marqués de tâches noirâtres, ils sont un peu acides, et sont mûrs sans en avoir l'apparence car ils restent verts.

Le vin n'est pas de bonne qualité, il est de couleur verdâtre, pèse environ 8 à 9 degrés et 13 grammes d'acidité.

SEIBEL N° 752

Rupestris, Lincecumii × Vinifera

Producteur direct blanc. — Maturité deuxième époque. — Ce numéro manque de vigueur, il ne résiste pas au mildiou ni à l'oïdium. Sa production est relativement petite.

Les raisins sont beaux et bons, les grappes sont grosses ainsi que les grains, ils ne pourrissent pas. Le vin pèse 7 degrés 5 à 8 degrés 5 et 6 grammes d'acidité,

SEIBEL N° 755

Rupestris, Lincecumii × Vinifera

Producteur direct rose. — Maturité deuxième époque.
— Cet hybride a une petite vigueur et est à peine résistant au mildiou, un sulfatage lui est souvent nécessaire, il résiste à l'oïdium et au phylloxéra. Sa production est très élevée, les grappes sont assez grosses ainsi que les grains ; les raisins sont bons, avec un goût particulier excellent.

Le vin est assez bon, rosé, pesant 8 à 9 degrés et 12 grammes d'acidité.

SEIBEL N° 778

Rupestris, Lincecumii × Vinifera

Producteur direct rose. — Maturité première époque.
— Sa résistance est suffisante aux maladies cryptogamiques et au phylloxéra, sa vigueur est bonne avec un port buissonnant. Production moyenne. Les grappes sont moyennes, les grains petits. Les raisins ont un bon goût. Le vin est rosé pesant 8 à 9 degrés et 6 grammes d'acidité.

SEIBEL N° 1.000

Rupestris, Lincecumii × Vinifera

Producteur direct rouge. — Maturité première époque.
— C'est un hybride d'une belle tenue, vigoureux, assez fertile, résistance bonne au mildiou et à l'oïdium, suffisante au phylloxéra.

Sa production est bonne, jolis raisins ayant un bon goût sucré, pas susceptible à la pourriture. Le vin est de bonne qualité, d'un rouge léger vif, pesant environ 12 degrés avec 5 grammes d'acidité.

SEIBEL Nº 1.001

Rup., Lincecumii Nº 70 × Herbe. d'Aurelle Nº 1

Producteur direct rose. — Maturité deuxième époque.
— Cet hybride n'a pas de résistance au mildiou
ni à l'oïdium, la production est généralement
médiocre, petits raisins à grains moyens. Le vin
est rosé, faible d'alcool.

SEIBEL Nº 1.004

Rupestris, Lincecumii Nº 70 × Grec blanc

Producteur direct rose. — Maturité troisième époque.
— Ce numéro a un débourrement tardif et est
attaqué par les maladies cryptogamiques, il lui
faut un ou deux traitements. La production est
moyenne, les raisins sont beaux et ont bon goût.
Nous allons passer le nº 1014, qui est assez bon comme résistance aux maladies, mais est de maturité trop tardive.

SEIBEL Nº 1.020

Rupestris, Lincecumii × Aramon

*Producteur direct rouge. — Maturité deuxième
époque.* — Cet hybride a une vigueur moyenne,
les sols frais et fertiles lui conviennent, il ne
vient pas dans les sols pauvres et calcaires. Son
feuillage est très résistant aux maladies cryptogamiques mais on le dit insuffisamment résistant
au phylloxéra, c'est dommage car il est remarquable par sa santé aérienne, il est assez productif, la taille courte lui convient, donne un vin
coloré assez ordinaire environ 7 à 8 degrés.

SEIBEL Nᵒ 1077

Rupestris, Lincecumii × Aramon

Producteur direct rouge. — Maturité deuxième époque. — Ce numéro est cultivé en assez grande quantité dans le midi, où on nous le signale comme bien résistant au mildiou et à l'oïdium, mais peu résistant au phylloxéra ni au Black-Rot. Le vin est très coloré, d'un rouge noir très foncé, franc de goût, pesant 9 à 10 degrés avec 8 gr. d'acidité.

SEIBEL Nᵒ 2003

Rupestris, Lincecumii × Herbemont d'Aurelle

Producteur direct rouge. — Maturité deuxième époque. — Cet hybride est remarquable par sa résistance aux maladies cryptogamiques, il fructifie beaucoup, ne coule pas et est excessivement fertile. Nous ne l'avons jamais vu souffrir ni du mildiou ni de l'oïdium, la résistance au phylloxéra paraît bonne. La grappe est grosse et fournit un vin coloré assez bon. Dans certaines régions, ou nous communique un léger goût désagréable, nous pensons que cela vient du terrain, car ce goût n'existe pas partout, il donne à l'analyse Acool 8 degrés. — Extrait sec 27 gr., acidité 4 gr. 5, tannin 1 gr. 50.

SEIBEL Nᵒ 2004

Rupestris Lincecumii × Herbemont d'Aurelle

Producteur direct rouge. — Maturité première époque tardive. — Cet hybride est fort vigoureux, et d'une grande fertilité, fournit fréquemment trois raisins assez gros par sarment. Il est résis-

tant aux maladies cryptogamiques et au phylloxéra.

Le vin est d'une belle couleur, pas très chargé,
pesant environ 8 degrés à 8,5.

SEIBEL N° 2006

Rupestris, Lincecumii × Aramon, Rup. Ganzin

*Producteur direct rouge. — Maturité première
époque.* — Ce numéro a une résistance aux cryptogames assez bonne pour se dispenser de tout
traitement, son feuillage est sain et se conserve
bien, ses racines sont attaquées par le phylloxéra, sa résistance nous paraît douteuse. — Les
souches sont fertiles, ayant de grosses grappes à
grains un peu serrés. Le vin est absolument net
de goût et a une belle couleur rouge foncé pesant
9 à 10 degrés.

SEIBEL N° 2007

Rupestris, Lincecumii × Aramon, Rup. Ganzin

*Producteur direct rouge. — Maturité deuxième
époque.* — Le 2007 a beaucoup de ressemblance
avec le 2.006, mais il mûrit quelques jours plus
tard. Sa vigueur est assez bonne, résiste bien aux
maladies, excessivement fertile, donne de belles
grappes à grains moyens. C'est un gros producteur, ayant une bonne fructification, mais il faut
avec la taille le préserver de la coulure dont il est
sujet.

Le vin est bon, de bonne constitution, et d'une
belle couleur parfaitement stable et d'un rouge
vif assez foncé.

SEIBEL N⁰ 2.041

Rup., Lincecumii × Aramon Rup., Ganz. N° 1

Producteur direct rouge. — Maturité deuxième époque. — Très vigoureux, résiste bien aux maladies cryptogamiques ; bonne fertilité. Sa résistance au phylloxéra nous parait bonne. Le vin est foxé et possède un goût herbacé désagréable.

SEIBEL N⁰ 2.044

Rup., Lincecumii × Aramon Rup., Ganz. N° 1

Producteur direct rouge — Maturité troisième époque. — Ce numéro a beaucoup de ressemblance au 2.041, son vin ne vaut pas mieux ; c'est pour cette raison qu'il est peu cultivé. Sa résistance aux maladies et aux cryptogames est bonne ; il a une assez bonne fertilité.

Les numéros ci-dessous sont trop nouveaux pour que nous puissions faire leur description.

Le N° 2.055 cépage rouge, maturité 2ᵉ époque.
— 2.510 cépage rouge, — 2ᵉ époque.
— 2.573 cépage rouge, — 2ᵉ époque hâtive.
— 2.653 cépage blanc, — 1ʳᵉ époque.
— 2.662 cépage rouge, — 2ᵉ époque.
— 2.666 cépage blanc, — 2ᵉ époque.
— 2.688 cépage rouge, — 1ʳᵉ époque.
— 2.772 cépage rouge, — 1ʳᵉ époque.
— 3.021 cépage blanc, — 1ʳᵉ époque tardive.
— 4.018 cépage blanc, — 2ᵉ époque.

Chapitre Troisième

HYBRIDES COUDERC

COUDERC N° 28 × 112

Emyly × Rupestris

Producteur direct rouge. — Maturité première époque. — C'est un cépage vigoureux, possédant de bonnes racines, pas très grosses, mais pénétrantes, ce qui lui donne une grande résistance à la sécheresse. Sa résistance phylloxérique est bonne.

Il n'a pas une très grande résistance au mildiou, un traitement lui est utile. Il est résistant à l'oïdium mais peu au Black rot. Il craint le soufre qui grille ses feuilles. Il a été abandonné par un bon nombre de viticulteurs par insuffisance de production.

Le raisin est bon, ne pourrissant pas ; le vin est neutre, rouge, un peu corsé ; il pèse environ 8 degrés.

COUDERC N° 74 × 17

Hybride Complexe

Producteur direct blanc. — Maturité deuxième époque. — Cet hybride a une assez bonne résistance aux maladies, sans être parfaite cependant. Il nous est signalé de diverses régions qu'il est quelquefois attaqué par le mildiou.

Il est très vigoureux, mais ne fructifie pas énormément; sa production est irrégulière, mais sans être jamais grande ; le raisin est blanc, légèrement doré au soleil, il est très résistant à la pourriture, il sèche plutôt que de pourrir.

Le vin est droit de goût et de bonne qualité.

COUDERC 82 × 12

Trois quarts Vinifera

Producteur direct blanc. — Maturité première époque. — Ce numéro a une vigueur moyenne, il ne résiste pas au mildiou ni à l'oïdium, il lui faut un ou deux traitements, sa production n'est pas très grande, le vin est net de goût, de qualité ordinaire.

COUDERC 82 × 32

Trois quarts Vinifera

Producteur direct blanc.— Maturité deuxième époque. — Cet hybride est vigoureux, fertile et assez productif, mais il n'a aucune résistance aux maladies, il lui faut les mêmes traitements que les vignes françaises.

Le raisin est bon, donnant de belles grappes, quelquefois les grains se fendent et sèchent ensuite, c'est donc un cépage sans valeur.

COUDERC 89 × 82

Trois quarts Vinifera

Producteur direct blanc. — Maturité première époque. — Ce numéro est extrêmement précoce, il a le genre Chasselas, comme aspect et comme raisin, sa vigueur n'est pas très grande, a le port érigé, sa fructification est moyenne, plutôt faible, sa résistance aux maladies cryptogamiques n'est pas très grande, dans les terrains suffisamment aérés on peut se passer de sulfatages, mais dans les terrains susceptibles aux maladies un sulfatage et un soufrage s'imposent. Résistance suffisante au phylloxéra. Le raisin est blanc doré, avec un goût de muscat très agréable. Le vin est d'assez bonne qualité.

COUDERC 90 × 38

Trois quarts Vinifera

Producteur direct blanc. — Maturité deuxième époque. — Cet hybride a une vigueur et une fertilité passables, sa résistance au mildiou n'est pas suffisante, il lui faut plusieurs sulfatages, il ne craint pas l'oïdium ni le Black-rot. Sa résistance phylloxérique est faible, sa fructification est moyenne, le raisin est assez gros, les grains très serrés, ayant un goût désagréable. Le vin est alcoolique 10 à 11 degrés.

COUDERC 106 × 51

Lincecumii × Rupestris × Vinifera

Producteur direct rouge. — Maturité première époque. — Cet hybride a une bonne vigueur, sa résistance est assez bonne aux maladies cryptogamiques, ainsi qu'au phylloxéra, son feuillage reste vert jusqu'aux vendanges, sans aucun traitement. Il vient dans les bons terrains frais et fertiles, mais il craint les coteaux brûlants et le calcaire. Il est productif, les grappes sont grosses, le vin a un goût foxé peu agréable, il est assez alcoolique, arrivant à 10 degrés et 6 grammes d'acidité.

COUDERC 117 × 3

Senasqua × Rupestris

Producteur direct blanc. — Maturité première époque. — Ce numéro manque généralement partout de vigueur, il est peu fertile, petite grappe, grains moyens, les raisins sont très bons, blancs dorés et est très précoce. Il est résistant aux maladies cryptogamiques, ainsi qu'à la pourriture grise. Cet hybride demande une taille un peu courte ; les raisins étant sucrés sont mangés souvent par les guêpes, il est bon de le vendanger aussitôt maturité.

Le vin est bon, approchant comme qualité au Sauvignon, du reste ce cépage est nommé dans beaucoup de régions, Batard de Sauternes, assez alcoolique 10 à 11 degrés et 6 grammes d'acidité.

COUDERC 117 × 4

Senasqua × Rupestris

Producteur direct rouge. — Maturité deuxième époque. — Cet hybride est vigoureux, sa résistance est bonne au mildiou, à l'oïdium et au Black-rot, on peut se dispenser de tout traitement.

Les sarments sont fragiles au vent du printemps, il demande les endroits un peu abrités. Sa fructification est moyenne. Les grappes sont grosses, les grains serrés, le vin assez alcoolique, d'une forte coloration, pesant environ 9 à 10 degrés et 10 grammes d'acidité.

COUDERC 126 × 21

Trois quarts sang Vinifera

Producteur direct rouge. — Maturite première epoque précoce. — Végétation moyenne, sa résistance est médiocre au mildiou et à l'oïdium, il lui faut quelques traitements, il résiste bien au phylloxéra. Sa production est un peu faible généralement partout et un peu sujet à la coulure. Les raisins sont de volume moyen, très sucrés, donnant un bon vin alcoolique, il est regrettable que ce cépage coule et ne soit pas plus productif.

COUDERC 132 × 11

Hybride Complexe (Le Bayard)

Producteur direct rouge. — Maturité troisième époque. — Cet hybride est destiné pour le midi ou les pentes ensoleillées, car sa maturité est très tardive, il ne faut pas le cultiver dans les départements situés trop au nord, car il ne mûrirait pas. Il a la maturité du Balzac, or, le Balzac ne mûrit pas dans les régions septentrionales. Ce numéro est très vigoureux, sa résistance phylloxérique est certainement une des meilleures parmi tous les producteurs directs. La grappe est un peu petite ainsi que les grains, mais ne pourrissent pas. Il est très rustique et vient bien dans les sols relativement pauvres, sa résistance est bonne pour le mildiou, mais il est un peu attaqué par l'oïdium. Il a une plus grande fertilité que n° 503 et que le n° 4.401. Les racines sont grosses et fortes, très pénétrantes même dès les premières années, il est très résistant à la sécheresse, c'est un cépage de grande production pour le midi. Le vin est bon, pesant 10 à 11 degrés avec 25 grammes d'extrait sec, pour le vin récolté dans le midi, mais il n'a pas la même qualité pour les vins récoltés plus au nord.

COUDERC 136 × 4

Hybride Complexe

Producteur direct rouge. — Maturité première époque. — Vigueur et fertilité moyennes, résistance insuffisante aux maladies cryptogamiques, bonne résistance au phylloxéra. Les grappes sont moyennes et la production assez bonne ; le vin est d'assez bonne qualité atteignant un bon degré.

COUDERC 146 × 51

Hybride Complexe

Producteur direct blanc. — Maturité deuxième époque. — Cet hybride a une vigueur moyenne, il résiste assez bien au mildiou, mais il craint l'oïdium, la fructification est moyenne, les raisins ressemblent un peu à la Folle Blanche, ne pourrissent pas. Sa résistance phylloxérique est suffisante. Le vin est de qualité ordinaire, un peu acide.

COUDERC 172 × 19

Hybride Complexe

Producteur direct rouge. — Maturité deuxième époque. — Vigueur moyenne, résistance insuffisante aux maladies, il lui faut un ou plusieurs traitements, suivant les terrains et les situations où il est cultivé. Sa fructification est généralement très bonne, les grappes sont petites, les grains moyens ne pourrissant pas. Le vin est de qualité assez bonne.

COUDERC 198 × 89

Trois quarts Vinifera

Producteur direct rouge. — Maturité première époque. — Cet hybride a une assez bonne vigueur, sa résistance est insuffisante au mildiou ; il est résistant au phylloxéra. Sa fructification est moyenne, le raisin rappelle un peu celui du Gamay ; le vin est bon, pesant 9 à 10 degrés et 9 grammes d'acidité.

COUDERC 199 × 88
Trois quarts Vinifera

Producteur direct blanc. — Maturité deuxième époque. — C'est un cépage très fertile, cultivé en assez grande quantité dans certains départements du midi ; il a été généralement trop vanté, car il n'est pas aussi parfait comme il a été annoncé. Sa résistance au mildiou est presque nulle et demande le sulfatage comme les cépages français ; il supporte mieux l'oïdium et résiste très bien à la pourriture. Sa résistance au phylloxéra est bonne ; le raisin est bon et donne un vin droit de goût. Son degré varie entre 9 et 10 degrés.

COUDERC 272 × 60
Hybride complexe

Producteur direct blanc. — Maturité première époque. — Vigueur assez bonne, n'a pas une résistance parfaite aux maladies, il lui faut un sulfatage, il est d'une fertilité variable, très résistant au phylloxéra.

Sa fructification est relativement petite et inégale, les grappes sont belles, les raisins ont une saveur peu sucrée, plutôt acide ; le vin est ferme, bon, et assez alcoolique.

COUDERC 202 × 75
Trois quarts Vinifera

Producteur direct rouge. — Maturité première époque. — Cet hybride a une assez belle végétation, il est vigoureux et fertile, sa résistance est passable au mildiou, quoique étant atteint légèrement, il résiste bien à l'oïdium et au phylloxéra. Il est fructifère, ne coule pas, et sa production est un peu élevée; les raisins sont bons et sucrés. Le vin est très alcoolique, arrivant à 11 degrés et 6 grammes 5 d'acidité par litre.

COUDERC 226 × 58

Trois quarts Vinifera

Producteur direct rouge. — Maturité deuxième époque. — Cet hybride est très vigoureux, sa résistance phylloxérique est bonne. Ce numéro porte beaucoup de fruits, les raisins sont très bons, très beaux, très gros, ainsi que les grains.

Le vin est de moyenne qualité, d'un rouge clair vif, pesant environ 8 à 9 degrés, avec 11 grammes 5 d'acidité.

COUDERC 241 × 125

Trois quarts Vinifera

Producteur direct blanc. — Maturité deuxième époque. — Ce numéro a une vigueur et une fertilité médiocres; sa résistance au mildiou n'est pas parfaite, il lui faut un sulfatage, il résiste à l'oïdium. Sa résistance phylloxérique est bonne, très résistant à la pourriture grise. La grappe est moyenne, le raisin a goût de muscat très agréable.

Le vin est net de goût assez alcoolique.

COUDERC 251 × 150

Hybride complexe

Producteur direct blanc. — Maturité première époque. — Cet hybride est un des plus vigoureux obtenu jusqu' à ce jour ; il est très résistant aux maladies cryptogamiques, il est d'une grande fertilité et des plus résistants au phylloxéra. Les grappes sont grosses, les grains gros, peu serrés ; c'est un excellent raisin de table, mais ayant la peau trop mince pour être expédié.

Le vin est à peu près net de goût, pesant environ 8 degrés avec 6 grammes 5 d'acidité par litre.

COUDERC 252 × 14

Hybride complexe

Producteur direct blanc. — *Maturité deuxième époque.* — Cet hybride a une assez belle végétation, un peu sensible aux maladies ; il lui faut un sulfatage. Sa résistance phylloxérique est bonne. Les grappes sont longues, verdâtres, le raisin a bon goût et le vin qu'il produit est bon et alcoolique.

COUDERC 267 × 27

Hybride complexe

Producteur direct rouge. — *Maturité première époque.* — Hybride excessivement vigoureux ; il est nécessaire de le mettre sur fil de fer, pour pouvoir établir une taille proportionnée avec sa végétation pour empêcher la coulure de se produire ; il conviendrait bien pour établir des tonnelles.

Sa résistance est bonne au mildiou, à l'oïdium et au Black rot, et il vient bien dans les terrains calcaires.

Jusqu'à ce jour il est difficile de lui donner une note exacte sur sa fructification; étant sujet à la coulure la production est très variable.

Le vin est net de goût et d'assez bonne qualité.

COUDERC 277 × 36
Trois quarts Vinifera

Producteur direct blanc. — Maturité troisième époque. — Cet hybride a une grande vigueur, une résistance insuffisante aux maladies cryptogamiques; il lui faut plusieurs traitements. Sa résistance est bonne au phylloxéra. Sa production est moyenne, plutôt faible, et de maturité trop tardive pour donner un vin de qualité régulière.

COUDERC 286 × 68
Hybride complexe

Producteur direct rouge. — Maturité première époque. — Bonne vigueur, sa résistance aux maladies est assez bonne pour se passer de traitements, quoique étant atteint légèrement de mildiou en fin de saison, sa résistance au phylloxéra est bonne. La production est moyenne, les raisins sont beaux et pas susceptibles de pourrir.

Le vin est de qualité ordinaire, 8 degrés environ avec 9 grammes d'acidité par litre.

COUDERC 302 × 60
Hybride complexe

Producteur direct rouge. — Maturité première époque. — Cépage vigoureux, n'a pas une résistance suffisante aux maladies cryptogamiques, il est très attaqué du mildiou, il lui faut plusieurs traitements.

Sa production est bonne, les raisins sont beaux ayant une certaine ressemblance avec le Cabernet Sauvignon. Le vin est d'assez bonne qualité avec un degré alcoolique généralement assez élevé.

COUDERC 343 × 14
Hybride complexe

Producteur direct blanc. — Maturité première époque hâtive. — Cépage très hâtif, le raisin est sucré et est souvent endommagé par les guêpes, ce numéro est vigoureux, le port étalé, sa résistance au mildiou est faible, un traitement lui est indispensable, sa résistance phylloxérique est suffisante, il est susceptible de la pourriture grise. Sa fructification est bonne, le raisin est bon, ayant beaucoup d'analogie avec le Chardonnet.

D'après M. Couderc, c'est un n° 4.401 blanc mais plus fertile, plus précoce et plus sucré. Vu sa maturité précoce ce cépage conviendrait pour les régions du Nord.

Le vin est bon, pesant 10 à 11 degrés.

COUDERC 363 — M
Hybride complexe

Producteur direct rouge. — Maturité troisième époque. — Cet hybride est nouveau, il n'est cultivé que depuis quelques années, il est vigoureux, très résistant aux maladies cryptogamiques et au phylloxéra, il est d'une bonne fertilité, étant vigoureux il exige une taille longue, le raisin est bon, assez doux.

COUDERC 404
Carignan × Rupestris

Producteur direct rouge. — Maturité deuxième époque. — Cet hybride est très vigoureux, sa résistance aux cryptogames n'est pas suffisante, il est atteint par le mildiou. Sa résistance phylloxérique est presque nulle, sa production est faible. Le vin alcoolique, est assez agréable.

Il y a aussi le n° 501, Carignan × Rupestris, qui est très vigoureux, résistant au phylloxéra, craint la pourriture grise, la fructification est faible, le vin défectueux.

COUDERC 503

Jardin Rupestris × Petit Bouschet

Producteur direct rouge. — Maturité deuxième époque. — Cet hybride a une souche forte, un port plutôt dressé que buissonnant. Bourgeonnement peu élancé, vert glauque, il est assez fertile aux maladies cryptogamiques, sauf pour la mélanose. Il faut se garder de le soufrer, car le soufre grille ses feuilles, qui tombent ensuite, sa résistance phylloxérique est suffisante dans les terres fraîches et supporte bien environ 12 °/₀ de calcaire.

Les raisins sont assez nombreux, massés et compacts, la fructification est bonne. C'est un producteur direct qui donne de meilleurs résultats dans le midi que dans les régions situées plus au nord.

Le vin est un peu plat, net de goût, sauf un léger goût de cuit qui n'est pas désagréable, il possède une grande intensité de coloration. Il pèse entre 8 à 9 degrés, variable suivant les terrains et régions, avec 6 grammes 5 d'acidité.

C'est un cépage qui est cultivé depuis très longtemps dans le midi. D'après quelques viticulteurs, le n° 503 aurait plus à souffrir de la Cochylis que d'autres variétés.

COUDERC 3.103

Colombaud × Rupestris

Producteur direct rouge. — Maturité deuxième époque. — Cet hybride a une belle végétation, et est très vigoureux, sa résistance aux maladies est assez bonne, mais il est très atteint par le phylloxéra. Sa production est faible, le vin est assez bon et bien constitué, d'une belle couleur.

COUDERC 4.308

Bourrisquou × Rupestris

Producteur direct rouge. — Maturité deuxième époque. — Cet hybride est assez fertile en bons terrains, mais il n'a pas une résistance suffisante au phylloxéra.

Le vin est alcoolique avec une intensité colorante très élevée et un bouquet particulièrement agréable.

COUDERC 4.401

Chasselas Rose × Rupestris

Producteur direct rouge. — Maturité première époque. — Nous plaçons ce numéro 4.401 dans la série des producteurs directs nouveaux, quoique il y a une vingtaine d'années qu'il est cultivé, ceci pour faciliter l'énumération à suivre de tous les numéros obtenus par M. Couderc.

Cet hybride est aussi souvent appelé Chasselas rose que Couderc nᵒ 4.401. Il est d'une fertilité remarquable, il est assez résistant au phylloxéra dans les sols profonds et fertiles, mais insuffisamment résistant dans les sols secs et chauds, il craint le calcaire. Sa résistance au mildiou est bonne, mais il est atteint un peu par l'oïdium, un seul soufrage est suffisant.

Il est avantageux dans le cas de gelée : nous l'avons vu au débourrement complètement gelé et donner plus d'une demie récolte.

Les grappes sont moyennes les premières années, mais augmentent de volume à mesure que la vigne vieillit. Cette variété demande à avoir un fil de fer, car dans certains terrains fertiles il a beaucoup de végétation, il se prête bien à la taille à long bois, qui le rend encore plus fructifère.

L'incision annulaire fait grossir énormément les raisins, il a l'inconvénient de ne pas toujours avoir la même fructification, son rendement est irrégulier.

Le vin n'est pas très alcoolique, un peu plat, mais riche en couleur, franc de goût, il donne à l'analyse : alcool 8 degrés, extrait sec 27 grammes, acidité 7 grammes, tannin 1 gramme 65.

En résumé le n° 4.401 est un des meilleurs producteurs directs de la collection Couderc.

COUDERC 7.104

Lincecumii Rupestris × Vinifera (Coutassot n° 1)

Producteur direct rouge. — Maturité deuxième époque. — Cet hybride est très vigoureux, a une résistance suffisante pour les maladies, son feuillage est très rustique et reste vert jusqu'en fin de saison, il a une belle végétation en plaine et en terre fertile, mais il périt sur les coteaux par le phylloxéra. Sa production est bonne, les grappes sont belles à grains surmoyens. Le vin est un peu acide d'un rouge clair, avec un degré d'alcool moyen.

[COUDERC 7.106

Lincecumii Rupestris $\times$ Vinifera (Coutassot n° 1)

Producteur direct rouge. — Maturité première époque. — Ce numéro n'a pas une grande fertilité, il est très résistant au mildiou et à l'oïdium, mais sa résistance est insuffisante au phylloxéra.

Le raisin est beau à grains ronds, a beaucoup de rapport avec le Gamay.

Ce serait un cépage très productif étant greffé.

COUDERC 7.120

Lincecumii $\times$ Rupestris Vinifera

Producteur direct rouge. — Maturité troisième époque. — C'est un hybride à grande végétation, vigoureux et fertile, indemne de maladies cryptogamiques, ainsi que de la pourriture, sans aucun traitement son feuillage reste vert jusqu'aux vendanges.

Il vient bien dans tous les terrains, il est aussi vigoureux en coteaux qu'en plaines.

Sa fructification est énorme, malgré sa grande végétation, il ne coule pas, sa production est considérable.

Les grappes sont belles à saveur franche et sont très volumineuse. La maturité étant tardive la qualité du vin est irrégulière comme goût et degrés, mais est d'un beau rouge clair.

Chapitre Quatrième

HYBRIDES CASTEL

CASTEL 120

Noah × Herbemont d'Aurelle

Producteur direct blanc. — Maturité deuxième époque. — Ce numéro a une vigueur moyenne, résistant assez au mildiou pour se dispenser de traitement, résiste bien à l'oïdium et au phylloxéra. Il est peu fructifère, les raisins sont bons, se dorant bien à maturité et ne pourrissant pas. Le vin est de qualité ordinaire assez variable.

CASTEL 132

Othello Rupestris × Herbemont d'Aurelle

Producteur direct rouge. — Maturité première époque. — Cet hybride est vigoureux, fertile, résistant aux maladies cryptogamiques et assez bien au phylloxéra.

Il est un peu cultivé dans le centre, où on en est assez satisfait, il donne un vin assez alcoolique, mais il est généralement peu productif.

CASTEL 930

Rupestris Othello × Herbemont d'Aurelle

Producteur direct blanc. — Maturité deuxième époque. — Cet hybride est d'une vigueur passable, sa résistance est à peu près supportable, mais un traitement est souvent utile ; il résiste au phylloxéra.

Quoique n'ayant pas une très grande vigueur, il nous parait cependant, être très rustique.

Nous ne connaissons, pas la qualité de son vin, les raisins sont assez bons, il a une fructification assez bonne.

CASTEL 1 028

Taylor × Terret gris

Producteur direct blanc, maturité deuxième époque. — Cet hybride est généralement peu vigoureux, demande une taille courte, il vient bien en bons terrains, mais il craint les coteaux trop brûlants et le calcaire.

Sa résistance est passable aux maladies cryptogamiques ainsi que pour le phylloxéra. Sa production est satisfaisante, les grappes sont énormes, arrivant jusqu'à 300 grammes, les grains sont espacés, ne pourrissant pas.

Le raisin a un goût de muscat très agréable.

Le vin est ordinairement assez faible, 8 à 9 degrés avec 6 grammes d'acidité, d'un blanc verdâtre.

CASTEL 1.113

Rup. Othello × Herbemont d'Aurelle (Gerbe d'or)

Producteur direct blanc. — *Maturité deuxième époque.* — Végétation moyenne, ne résiste pas au mildiou, il lui faut les mêmes traitements que les vignes françaises, il est très fertile. Les grappes sont grosses avec un goût musqué très agréable.

CASTEL 1.919

Herbemont d'Aurelle × Psalmodi

Producteur direct rouge. — *Maturité deuxième époque.* — Vigueur satisfaisante, bonne résistance aux maladies cryptogamiques et au phylloxéra, il conserve son feuillage très sain jusqu'aux vendanges, il demande une taille un peu courte. Il est fertile et productif, les raisins sont assez gros et ne sont pas susceptibles à pourrir.

Le vin est de qualité assez ordinaire.

CASTEL 3.534

Rupestris Othello × Herbemont d'Aurelle

Producteur direct blanc. — Maturité troisième époque. — Vigueur moyenne, très faible résistance aux maladies cryptogamiques, il a une assez bonne fertilité et une fructification un peu faible, mûrissant très tard, la qualité du vin est ordinaire, plutôt médiocre.

CASTEL 3.540

Rupestris Othello — Herbemont d'Aurelle

Producteur direct blanc. — Maturité troisième époque. — Végétation satisfaisante, résistance passable aux maladies cryptogamiques, sa fertilité est moyenne ainsi que sa production, les grappes sont belles ; il ne faut pas cultiver cet hybride dans les départements situés trop au nord, car il ne mûrirait pas, c'est un hybride pour le midi.

CASTEL 5.009

Rupestris × Aramon

Producteur direct rouge. — Maturité deuxième époque. — Cet hybride a une vigueur excessivement grande, il est très fertile, sa résistance est absolument bonne aux maladies, son feuillage est sain jusqu'en fin de saison.

Il résiste bien au phylloxéra, l'aoûtement des sarments est souvent défectueux, les grappes sont nombreuses et petites, il est très fructifère, mais il lui faut un fil de fer pour lui établir une taille longue, pour l'empêcher de couler, car avec sa grande végétation, il est sujet à la coulure.

Le vin est bon, très coloré, on peut même le considérer comme teinturier, son degré alcoolique est d'environ 8 à 9 degrés.

CASTEL 6.443

Noah × Panse jaune

Producteur direct blanc. — Maturité troisième époque. — Cet hybride est généralement peu vigoureux, mais malgré cela il est assez rustique. Sa résistance est faible aux cryptogames et parait douteuse au phylloxéra. Il est assez fructifère.

Les raisins sont moyens, plutôt petits, assez nombreux.

CASTEL 6.525

Noah × Ugni blanc

Producteur direct rouge. — Maturité première époque. — Vigueur assez bonne, il n'a pas une résistance suffisante aux maladies cryptogamiques, ni au phylloxéra non plus. Cet hybride est pas ou peu cultivé ; il est resté simplement dans les champs d'expérience.

CASTEL 7.214

Rupestris Othello × Carignane

Producteur direct blanc. — Maturité troisième époque. — Assez bonne vigueur. Résistance insuffisante aux maladies cryptogamiques, et ne résiste pas non plus au phylloxéra. Production passable. Grappes petites assez nombreuses.

CASTEL 10.821

Rupestris Vinifera × Alicante Bouschet

Producteur direct rouge. — Maturité deuxième époque. — Cet hybride a une assez bonne vigueur, sa santé aérienne est passable, on peut se dispenser de tout traitement. Sa résistance paraît bonne au phylloxéra, sa fertilité est passable, les grappes et les grains sont moyens. La fructification est très faible, le vin est d'un rouge clair vif, ayant ordinairement un faible degré.

CASTEL 10.916

Alicante Rupestris × Folle

Producteur direct blanc. — Maturité troisième époque. — Cet hybride est assez vigoureux. Sa santé aérienne est médiocre, une assez bonne fertilité, résistance douteuse au phylloxéra ; les grappes et les grains sont moyens, la fructification est assez bonne, le vin faible et un peu acide.

CASTEL 11.115

Riparia - Rupestris × Terret

Producteur direct blanc. — Maturité deuxième époque. — Végétation médiocre, résistance insuffisante aux maladies crytogamiques et douteuse pour le phylloxéra. Sa fructification est relativement faible, les raisins sont dorés et sont très bons.

CASTEL 14.525

Rupestris - Othello × Valdiguier

Producteur direct rouge. — Maturité troisième époque. — Très vigoureux en bon terrain, il faiblit dans les coteaux pierreux. Sa santé aérienne est bonne, il résiste au mildiou et à l'oïdium ; sans traitement il conserve son feuillage jusqu'en fin de saison.

Sa production est faible et insuffisante, les grappes sont moyennes, plutòt petites. Le vin est d'un rouge foncé vif, d'un degré peu élevé.

CASTEL 17.325

Rupestris Vinifera × Pineau Meusnier

Producteur direct rouge. — Maturité deuxième époque. — Cet hybride est vigoureux, résistant insuffisamment aux maladies ; la production est relativement faible, il est un peu sujet à la coulure. Le vin est très foncé, de qualité ordinaire.

CASTEL 18.130

Rupestris Vinifera × Aramon

Producteur direct rouge. — Maturité première époque. — Bonne vigueur, son feuillage est sain pendant l'été mais se laisse prendre par le mildiou à la véraison, donc un sulfatage lui est indispensable pour obtenir une bonne maturité ; il résiste bien à l'oïdium et suffisamment au phylloxéra. Il est très fertile, les grappes sont grosses pourrissant facilement ; le vin est rouge clair assez alcoolique.

CASTEL 18.311

Rupestris Vinifera × Chasselas Doré

Producteur direct blanc. — Maturité deuxième époque. — Cet hybride a une végétation passable, sa résistance au mildiou est nulle et demande les mêmes traitements que pour les vignes greffées, il résiste assez bien à l'oïdium et bien au phylloxéra. Sa production est faible, le vin de qualité ordinaire.

CASTEL 19.002

Alicante Rupestris × Grec Rose

Producteur direct rose. — Maturité première époque tardive. — Sa végétation est plutôt faible, sa résistance est passable au mildiou et à l'oïdium, il résiste bien au phylloxéra.

Il est très fertile, sa production est d'une bonne moyenne, il a de grandes grappes avec des grains moyens, à goût neutre, il faut le vendanger exactement à maturité car il craint la pourriture, le vin est blanc rosé, pesant entre 8 à 9 degrés avec 9 grammes d'acidité.

CASTEL 19.405

Rupestris Vinifera × Alicante blanc

Producteur direct blanc. — Maturité deuxième époque. — Vigueur moyenne, ainsi que sa fertilité, il est très sensible au mildiou, il lui faut les mêmes traitements que les vignes françaises. On lui donne une bonne résistance au phylloxéra.

Sa fructification est moyenne, les grappes sont grosses, les grains espacés petits. Le vin est d'assez bonne qualité, net de goût.

CASTEL 19.436

Rupestris Vinifera × Servant

Producteur direct blanc. — maturité troisième époque. - Peu vigoureux, résistance insuffisante aux maladies cryptogamiques. On le croit résistant au phylloxéra, sa production est faible, un peu sujet à la coulure, c'est un numéro à étudier.

Chapitre Cinquième

Hybrides diverses

LE DROMOIS

Producteur direct rouge. — Maturité première époque. — Le Dromois a une résistance bonne aux maladies cryptogamiques, on peut se dispenser de tout traitement. Sa vigueur est excessive, ses racines sont fortes, ayant beaucoup de radicelles.

Le Dromois est vigoureux et fructifère, la taille demie longue lui convient, il n'est pas sujet à la coulure. Le vin est droit de goût, et même il possède une certaine finesse, son degré alcoolique est assez élevé, arrivant à 12 degrés, sa couleur est rouge foncé. Sa véraison se fait très rapidement, comme le Gamay, les grains sont fermes.

En résumé, c'est un bon producteur direct qui a fait ses preuves, on peut le propager sans crainte.

ALICANTE RUPESTRIS TERRAS 20

Alicante Bouschet × Rupestris

Producteur direct rouge. — Maturité première époque. — Ce cépage est vigoureux, très productif, résistant aux maladies cryptogamiques, il est sensible à la pourriture grise. Il est assez fructifère, il a un grand nombre de grappes, mais le rendement en jus est toujours faible comparativement à celui que donnent les raisins de nos cépages greffés. Sa résistance au phylloxéra est un peu faible. L'Alicante est facile à adapter, il vient bien dans tous les terrains, et dans les sols calcaires, pauvres et secs ; dans les terrains trop humides il est sujet à l'anthracnose. Dans les terrains riches, sa végétation est très forte et exige une taille longue pour le forcer un peu à la production.

Le Terras nº 20 donne un vin plat, sans bouquet, mais il n'a pas de mauvais goût, sa couleur est vive et fait un assez bon vin ordinaire.

Il a l'avantage d'être précoce ce qui permet sa culture dans les régions septentrionales. Son optenteur est M. Marcien Terras, propriétaire-viticulteur à Pierrefeu (Var).

HYBRIDES JURIE

Jurie 580

Producteur direct rouge. — Maturité troisième époque. — Très vigoureux, résistance très bonne aux maladies cryptogamiques, sa fructification est passable. Les raisins ne sont pas bons, ils sont acides, ils se conservent très bien à maturité. Le vin pèse 9 à 10 degrés et a 19 grammes d'acidité par litre, c'est un bon vin pour consommation courante, couleur rouge foncé.

JURIE 1230 [13]

Producteur direct rouge. — Maturité première époque. — Cépage vigoureux, fertile, résistance à peu près bonne aux maladies cryptogamiques et suffisante pour le phylloxéra, la fructification est petite, donnant un vin franc de goût, chargé en couleur, de qualité ordinaire.

JURIE 1.975

Producteur direct rouge. — Maturité deuxième époque. — Vigueur convenable, ainsi que sa fertilité, il résiste bien aux maladies cryptogamiques et au phylloxéra. Sa fructification est moyenne, plutôt faible, donnant un vin coloré de faible degré.

GAILLARD 2

Othello Rupestris × Noah

Producteur direct rouge. — Maturité première époque. — Très vigoureux, très résistant aux maladies cryptogamiques, les sarments s'aoûtent très bien. Sa résistance est bonne au phylloxéra. Sa fructification laisse un peu à désirer, les grappes sont laches et très longues, le vin est légèrement foxé, pèse environ 8 degrés, il est de couleur rouge clair.

GAILLARD 157

Eumelau × Triumph 1

Producteur direct blanc. — Maturité première époque. — Il est d'une vigueur et d'une fertilité moyennes, il supporte bien le mildiou et l'oïdium, ainsi que le phylloxéra. Sa fructification est assez bonne. Les raisins sont de grosseur moyenne, ils ont un bon goût et se conservent bien à maturité.

Le vin est très alcoolique, arrivant jusqu'à 12 degrés.

L'OISEAU BLEU

Auxerrois Rupestris × Malbec

Producteur direct rouge. — Maturité deuxième époque. — L'Oiseau Bleu est un bon cépage, ne craignant pas les maladies cryptogamiques ni la coulure, son feuillage est très sain, on peut se dispenser de tout traitement.

Sa vigueur et sa fertilité sont satisfaisantes, sa fructification est moyenne, ses racines sont fortes et ont beaucoup de petites radicelles, il ne craint pas la sécheresse.

Le vin est rouge foncé, pesant 8 à 9 degrés.

L'OISEAU ROUGE

Auxerrois $\times$ Rupestris $\times$ Malbec

Producteur direct rouge. — Maturité première époque. — Cet hybride est très vigoureux et très productif, il résiste bien à toutes les maladies.

Le vin est assez alcoolique et de belle couleur.

Sa fructification est moyenne, les grappes moyennes, les raisins ne sont pas sujets à la pourriture.

HYBRIDE FRANC

Ce plant a germé au milieu d'un semis de Rupestris effectué en Avril 1886, le premier a fructifié en 1889, à la pépinière départementale du Cher. M. Franc étant alors professeur départemental d'agriculture du Cher, la commission sur la proposition du préfet a décidé de l'appeler Hybride Franc.

L'Hybride Franc a des racines très fortes et très pénétrantes avec de nombreuses ramifications, les sarments sont d'un vert rougeâtre, il a une forte végétation, il se plaît dans les terrains calcaires secs.

Il n'a pas une bonne résistance aux maladies cryptogamiques et quelques traitements lui sont indispensables.

Il est très prompt à se mettre à fruit, il fructifie dès la troisième année.

Le vin est médiocre, pesant 8 à 9 degrés et est très foncé.

PLANT JOUFFREAU

Sélection naturelle de l'Auxerrois Rupestris

Producteur direct rouge. — Maturité première époque. — Ce cépage a une grande vigueur et une grande fertilité, il est plus résistant aux maladies et à la coulure que l'Auxerrois Rupestris. Les grappes sont plus grosses, la fructification plus régulière et le vin est de qualité supérieure.

HYBRIDES OBERLIN 604 et 605

Riparia × Gamay

Producteur direct rouge. — Maturité deuxième époque. — Parmi les hybrides Oberlin, on peut citer le n° 604 et le n° 605. Le numéro 604 est vigoureux et fertile, résistant bien aux maladies cryptogamiques, les grappes et les grains sont de grosseur moyenne, ayant une certaine ressemblance avec le Cabernet Sauvignon.

Le n° 605, également un hybride Riparia × Gamay, a une grande ressemblance au 604, mais les grains sont plus petits.

HYBRIDE MALÈQUE 292 × 1

Karalakana × Aramon Rupestris Ganzin N° 1

Producteur direct blanc. — Maturité deuxième époque. — Vigueur moyenne, assez bonne résistance aux maladies cryptogamiques ; il est très résistant au phylloxéra.

Ce cépage est un peu nouveau pour que nous insistions davantage. Sa valeur exacte n'est pas encore justifiée ; également pour le N° 51 × 20, 163 × 8, 449 × 16, 469 × 2 qui sont à l'étude.

LE VIENNOIS

Producteur direct rouge. — Maturité deuxième époque. — Ce cépage est assez vigoureux ; résistance assez bonne aux cryptogames pour ne faire aucun traitement. Il a une bonne fructification régulière. Il résiste bien au phylloxéra et vient bien dans tous les terrains, en plaines et en coteaux. La taille longue est utile pour obtenir le maximum de rendement.

Les grappes sont belles, les raisins ne pourrissent pas, ils ont un goût particulier assez agréable. Le vin est de qualité satisfaisante et de belle couleur.

HYBRIDE LACOMBE

Producteur direct rouge. — Maturité deuxième époque. — Vigueur et fertilité moyenne. Bonne résistance aux maladies cryptogamiques ; elle paraît bonne pour le phylloxéra.

Sa fructification est faible, les raisins sont bons, un peu petits, ne pourrissant pas. Le vin est d'assez bonne qualité.

HYBRIDE FOURNIER

Portugais bleu × Riparia Rupestris

Producteur direct rouge. — Maturité deuxième époque. — Cet hybride est vigoureux ; sa résistance aux maladies cryptogamiques est à peine suffisante ; en bonne adaptation, on peut se passer de sulfatage, mais on risque de sacrifier la récolte en cas d'invasion du mildiou; un sulfatage est une bonne précaution.

Sa résistance phylloxérique est bonne, il vient bien dans les bonnes terres fertiles, nous l'avons vu jaunir sur des coteaux avec 20 % de calcaire.

La fructification est bonne, les grappes sont petites mais nombreuses, 2 ou 3 à chaque sarment; la peau des raisins est épaisse.

Le vin est très coloré, possède un goût de fox, qui disparait en opérant quelques soutirages.

PLANT DES CARMES

Producteur direct rouge. — Maturité deuxième époque. — Vigueur bonne. Sa résistance est faible au mildiou, il lui faut un sulfatage; il lui faut également un soufrage à la floraison, et il craint le Black rot. Résistance paraît bonne au phylloxéra. Sa place est dans les terrains calcaires frais.

Le plant des Carmes produit une grande quantité de petites grappes.

Le vin est foxé, très désagréable, même mélangé à moitié avec un vin neutre, il possède un goût détestable.

HYBRIDE TRENQUIER
Rupestris du Lot × Gamay d'Auvergne

Producteur direct rouge. — Maturité première époque. — Sa résistance n'est pas indemne au mildiou; sa résistance phylloxérique paraît suffisante, possède une bonne vigueur et une bonne végétation.

Chez son obtenteur, M. Trenquier, Viticulteur à Meynes, Gard, sa fructification est importante et le vin est de bonne qualité.

CONCLUSIONS

De cette énumération d'hybrides où les renseignements et les observations ont été étudiés durant de longues années il est facile de constater qu'aucun ne remplit les conditions satisfaisantes souhaitées.

Nous recevons un nombre considérable de demandes de renseignements par des propriétaires viticulteurs, nous demandant de les renseigner sur un producteur direct ayant les qualités suivantes :

1º Bonne vigueur et bonne fertilité ;

2º Résistance suffisante au phylloxéra et aux maladies cryptogamiques ;

3º Vin d'assez bonne qualité, se conservant bien et étant net de goût.

Nous leur répondons que cet hybride n'existe pas et n'existera probablement jamais, et encore faut-il considérer que beaucoup d'hybrides ne s'adaptent pas aux terrains calcaires.

Commençons par retrancher la culture de tout producteur direct dans les départements où le vin obtient une qualité réputée assez bonne. Ne plantons pas d'hybrides dans le centre, ni dans l'est, ni sur tous les coteaux de la Loire, ni en Charentes, ni en Gironde car aucun de ces hybrides plantés ne donneront les mêmes résultats que donnent les cépages greffés sur de bons porte-greffes.

C'est dans les régions septentrionales seulement que le propriétaire ou le fermier peuvent trouver satisfaction dans les hybrides, où les vignes greffées produisent des vins faibles et acides ; et aussi dans les régions à culture mixte où l'on cultive la vigne à côté de la prairie et des céréales que ces cépages ont leur place, car le fermier occupé au blé ou au foin n'aura pas à s'inquiéter de faire les traitements à sa vigne, d'autant plus que souvent sa récolte est consacrée pour sa consommation personnelle, ou bien pour être consommée sur place.

Dans ces cas la culture des hybrides producteurs directs résistant aux maladies cryptogamiques peut être intéressante et lucrative.

Il ne faut donc pas se laisser prendre par les acharnés partisans des producteurs directs et abandonner l'espoir de trouver l'hybride rêvé, s'adaptant bien aux terrains pauvres et résistant aux maladies cryptogamiques, donnant de belles récoltes, avec un vin commercial.

Revenons aux vignes greffées, le greffage n'est pas un travail insurmontable, il est entré dans les habitudes du vigneron, et cette opération est devenue peu coûteuse. Ainsi on obtient une adaptation spéciale pour chaque terrain et on conserve les cépages locaux qui font la richesse du pays.

Nous sommes loin d'être d'accord avec M. Lucien Daniel, professeur à la faculté des sciences de Rennes qui, à la suite de la publication d'un ouvrage, écrivait que la viticulture avait fait mauvaise route, par le greffage des vignes, et publiait un article au " *Times* " disant que les vins obtenus avec les vignes greffées ne se conservaient pas parce que les vignes subissaient trop de traitements.

Nous félicitons les Associations viticoles de toute la France qui ont protesté contre les déclarations de M. Daniel, qui sont absolument fausses et inexactes.

Parmi tous les propriétaires viticulteurs avec lesquels nous sommes en relation, de toutes régions viticoles de France, tous sont unanimes à reconnaître que le meilleur des hybrides producteurs directs, ne vaut pas le cépage local fournissant le vin le plus ordinaire.

Les plus zélés partisans des producteurs directs ne pourront jamais nous faire croire qu'un hybride issu de l'Alicante et du Rupestris par exemple, donnera un vin d'aussi bonne qualité que celui de l'Alicante, pas plus que l'hybride issu du Portugais bleu et du Riparia $\times$ Rupestris ne renfermera les qualités incontestables du Portugais bleu, car pour avoir ces hybrides résistants au phylloxéra, il est indispensable que l'élément américain domine, c'est pourquoi les hybrideurs ont eu de grandes difficultés pour obtenir des fruits et des vins neutres de goût, ils sont très rares les hybrides qui n'ont pas un léger goût foxé.

Ayant actuellement à notre disposition tous les porte-greffes résistants et s'adaptant à tous les terrains sans exception, notre devoir est d'encourager la reconstitution avec les cépages français.

Si nous nous sommes décidés à faire cette nomenclature sur tous les hybrides producteurs directs, c'est que nous nous trouvions en présence d'un nombre considérable de personnes indécises sur la façon de continuer la reconstitution de leur vignoble, et nous estimons leur rendre un grand service en les encourageant à continuer la culture de leurs cépages locaux et de ne planter les hybrides qu'en fort petite quantité.

Il serait fort regrettable que les viticulteurs se mettent dans une mauvaise voie, après avoir eu à supporter le fléau terrible qu'est le phylloxéra. Il faut continuer la reconstitution avec des cépages connus et méritants, ayant fait leurs preuves, ils ne faut pas qu'ils se risquent dans de nouvelles dépenses.

Autant que le terrain le permettra, plantez des cépages qui vous donneront des vins de qualité supérieure, vous en trouverez toujours l'écoulement à un prix rémunérateur.

Jusqu'à ce jour nous devons à la vérité de dire que l'hybride producteur direct idéal n'est pas encore trouvé, ceci d'accord avec les hybrideurs et expérimentateurs, et que leurs longs efforts ont rarement été couronnés du succès auquel ils avaient le droit de s'attendre. Nous les félicitons pour la persévérance dont ils ont fait preuve, les combinaisons les plus difficultueuses ont été opérées dans les croisements et n'ont pas donné la perfection pour en généraliser la culture.

La fructification, la bonne qualité du fruit, la résistance aux cryptogames et au phylloxéra sont si incompatibles, qu'aucun hybride ne possède toutes ces qualités à la fois ; la perfection n'est pas encore obtenue.

C'est une chose très regrettable car cela aurait facilité énormément la reconstitution du vignoble, mais aucun hybride n'a encore à ce jour toutes les qualités désirables.

Cette question reste à l'étude.

TROISIEME PARTIE

LES MALADIES DE LA VIGNE

Parasites Végétaux

MALADIES PRODUITES PAR LES BACTÉRIES

Pourriture des grappes
Maladies du coup de pousse
Gommose bacillaire de la vigne

MALADIES PRODUITES PAR LES CHAMPIGNONS

MYXOMYCÈTES	Brunissure de la vigne Maladie de Californie
OOMYCÈTES	Mildiou
URÉDINÉES	Rouille de la vigne
BASIDIOMYCÈTES	Exobasidium Vitis Armillaria Mellea
ASCOMYCÈTES	Anthracnose Black-rot **Maladie du raisin du Caucase** Mélanose Noir de la vigne Oïdium Pourridié Pourriture noble Rot amer Rot blanc

PHANÉROGAMES PARASITES

Cuscute
Osyris

TROISIÈME PARTIE

LES MALADIES DE LA VIGNE
Parasites Végétaux

Chapitre premier

MALADIES PRODUITES PAR LES BACTÉRIES

Bactérie est un terme générique qui s'applique à un groupe de végétaux de constitution rudimentaire, microscopique, qui apparaissent au plus fort grossissement du microscope comme de petits points ou de petits batonnets. Suivant les uns ce sont des Champignons de la famille des Schizomycètes, mais suivant les autres ce sont des Algues. Les Bactéries se reproduisent par scissiparité, c'est à dire, par division, et aussi par des spores. Les maladies qu'elles provoquent se nomment maladies bactériennes.

Pourriture des Grappes

Cette maladie se manifeste particulièrement au moment de la véraison, et sur certains cépages à raisins sucrés mûrissant à première époque, tels que les raisins de table, qui sont particulièrement atteints. Les essais de traitements sont restés sans résultats.

Maladie du coup de pousse

M. Viala décrit sous ce nom une lésion étudiée par lui en 1890 et qui consiste en l'apparition,

sur un certain nombre de grains, d'une sorte de
tache livide avec flacidité de la peau, semblable
à celle que l'on produirait en comprimant le grain
mûr entre le pouce et l'index; après un station-
nement assez long, la partie non comprimée se
plisse et brunit, le grain sèche et tombe. Les
dégats sont généralement insignifiants; les traitements cupriques et les soufrages employés
contre le mildiou et l'oïdium suffisent à sa destruction.

Gommose de la Vigne

Gommose de la Vigne ou mal Néro entraine
des exsudations de gomme; de là le nom de
Gommose donné à cette maladie. Cette maladie
s'attaque aux sarments, puis les feuilles deviennent plus serrées, plus petites et prennent la
forme des feuilles de ronce; c'est pourquoi
dans certaines régions elle porte le nom de
Roncet.

Cette maladie a le pouvoir d'arrêter la végétation des bourgeons, et contribue à un rabougrissement caractéristique. Les entre-nœuds sont
courts, les feuilles petites et rabougries, l'aspect
du cep dénote un véritable rachitisme de la vigne;
les gelées ne sont pas étrangères à l'évolution de
cette maladie.

Si on examine au microscope une coupe de
bois, on voit des régions noircies pleines de
matière gommeuse, dans laquelle vivent les
bactéries.

Lorsqu'on apercevra cette maladie sur quelques souches, on fera bien de les arracher immédiatement, car la maladie se transmet, soit par

les sécateurs à la taille, soit par divers travaux exécutés durant une année aux façons de la vigne.

On recommande comme étant très important de ne pas prendre de greffons sur les ceps atteints de cette maladie pour la reconstitution du vignoble.

De tout temps nos vignerons ont constaté la disparition de quelques souches dans les vignobles, même au temps des vignes françaises ; dans la plupart des cas, cette disparition était due à cette maladie gommose bacillaire de la vigne.

Cette maladie a été étudiée dans le midi, à son apparition vers 1865 ; elle n'est pas de très grande importance, parce qu'il n'y a que quelques souches atteintes par ci par là ; elle ne s'est pas propagée dans de grandes parties.

Au cas où cette maladie prendrait de l'extension, on pourrait, l'hiver, après la taille, badigeonner les ceps avec une solution de sulfate de fer.

Chapitre Deuxième

MALADIES PRODUITES
PAR LES CHAMPIGNONS

1er Groupe. — Myxomycètes

Les myxomycètes sont des champignons à protoplasme dépourvu d'enveloppe cellulosique et dont l'appareil végétatif est formé d'une masse muqueuse ou glaireuse.

Les maladies occasionnées par les myxomycètes sont : 1º la Brunissure de la vigne ; 2º la maladie de Californie.

MALADIES ATTRIBUÉES AUX MYXOMYCÈTES

Brunissure de la Vigne

La Brunissure de la vigne est une maladie généralement peu grave que l'on constate sur les feuilles à partir de Juillet, celles-ci deviennent jaune brun ou brun foncé entre les nervures, les raisins en souffrent et mûrissent mal. Cette maladie a été aperçue vers 1885 en France et surtout en Espagne.

Cette maladie, d'après M. Viala, serait causée par un champignon, le plasmodiophora vitis. M. Bavon, au contraire, ne voit dans la Brunissure de la vigne qu'une altération des tissus causée par un épuisement relatif aux ceps, après une série d'abondantes récoltes.

Toutes les causes qui favorisent l'appauvrissement des tissus, ou qui ralentissent la nutrition

de la plante, favorisent l'apparition de la Brunissure.

C'est une maladie des vignes jeunes et qui disparaît à mesure que les ceps deviennent plus
âgés.

La maladie n'est pas grave, car généralement il
n'y a que quelques souches d'atteintes, mais
elle est plus importante pour certains cépages
tels que les Pinots et certains Chasselas.

Comme traitement, il suffit de diminuer la sur-
production des fruits en taillant plus court et
forcer un peu sur les engrais potassiques, dont
l'influence sur la brunissure est nettement
marquée.

MALADIE DE CALIFORNIE

La maladie de Californie ou rougeole noire a
été observée en 1884 pour la première fois en
Californie. Elle est heureusement inconnue en
Europe ; un arrêté ministériel en 1892 a interdit
l'importation des boutures de vigne de Californie
en France.

En Californie, cette maladie a fait des ravages
considérables, en 1892 plus de 10.000 hectares ont
été détruits.

Chapitre Troisième

2ᵐᵉ Groupe. — Oomycètes

Les oomycètes sont des champignons produisant des œufs, c'est-à-dire des corps reproducteurs résultant de l'union de deux organes différents. La maladie causée par ces champignons est le mildiou.

MALADIE PRODUITE PAR DES OOMYCÈTES

Le Mildiou

Cette maladie fut constatée en France par M. Planchon, la première fois en 1878, le mildiou et le Black-rot sont des maladies anciennement connues aux Etats-Unis où elles ont exercé des ravages considérables.

Le mildiou synonyme en botanique Peronospora Viticola est un parasite exerçant des ravages sur les feuilles et sur les raisins, cette maladie nous est venue d'Amérique avec les vignes Américaines. Actuellement tous les vignobles, sans exception, sont atteints, faisant des ravages plus ou moins grands suivant les climats et les cépages.

On s'aperçoit de son apparition sur les feuilles par de petites parties jaunes puis rougeâtres couleur de feuilles mortes, à la partie inférieure, on aperçoit des efflorescences blanchâtres très tenues qui forment les germes de cette funeste maladie.

Si le temps est humide la maladie prend un grand développement et la feuille ne tarde pas à griller et tomber, sur les sarments on voit des taches analogues à celle des feuilles quoique étant moins prononcées.

Le mildiou agit de différentes façons ; il s'attaque aux fleurs, dont il détermine la coulure ; ensuite sur les grains on distingue des efflorescences grisâtres, que l'on appelle le Rot gris ; ensuite les grains ont une teinte foncée lorsque la maladie est très prononcée, elle retarde la véraison d'une dizaine de jours et ensuite la maturité se fait subitement ; naturellement ceci au détriment de la qualité du vin qui est faible et sans bouquet ; la vendange est mauvaise, donne peu de jus, par les années d'invasion il y a toujours déception sur la quantité et la qualité du vin.

La grappe a donc à souffrir du mildiou à deux apparitions, l'une à la floraison et l'autre à la véraison.

Les vignes situées dans les bas fonds dont les terres sont humides, et sur les bords des cours d'eau, des marais, des lacs, sont beaucoup plus susceptibles au mildiou, car les brouillards développent considérablement la maladie ; c'est suivant la situation de la vigne que le champignon se développe plus ou moins ; aussi, dans la même région, y a-t-il des vignes où deux traitements suffisent et d'autres dont il en faut quatre ou cinq pour être à l'abri du développement de la maladie.

La chaleur et l'humidité développent aussi considérablement la maladie qui est plus intense dans les années où les orages sont fréquents.

Il est facile à remarquer qu'à la suite d'humidité et de chaleur, des temps de rosée ou de brouillard le mildiou se développe avec rapidité ;

MILDIOU ET ROT GRIS

(PERONOSPORA VITICOLA)

un vent de nord sec et chaud tue les spores du mildiou.

Le mildiou vit à l'intérieur des tissus de la vigne où il prend sa nourriture au moyen de suçoirs, contrairement à l'oïdium qui vit à l'extérieur, la maladie se communique d'une année à une autre à l'aide des spores d'hiver, ce sont les œufs qui se forment dans l'intérieur des feuilles; en examinant une feuille atteinte de mildiou on aperçoit une partie des efflorescences blanchâtres et au microscope on voit qu'elles sont formées par des filaments fructifères, ces filaments sortent par les stomates, c'est pourquoi on les trouve en grand nombre à la face inférieure. Le mycelium est la partie végétative du mildiou qui correspond au blanc des champignons de grande taille, vivant dans l'intérieur des tissus de la feuille, le mycelium puise la nourriture nécessaire à tous les organes du champignon dans l'intérieur des cellules de la feuille au moyen de suçoirs sphériques.

Pendant la période de végétation de la vigne, le mycelium émet au dehors par les stomates de la face inférieure, les filaments fructifères qui se forment en très peu de temps, ces œufs sont capables de supporter les plus grands froids de l'hiver, ils germeront au printemps suivant, lorsque les tissus de la feuille auront été décomposés et propageront le développement de la maladie dans la belle saison.

Sensibilité des principaux cépages. — Comme nous l'avons vu le mildiou ne se développe pas partout avec la même intensité, les effets de la maladie sont donc très variables. Néanmoins, il y a des cépages qui offrent relativement une résistance plus élevée les uns que les autres.

Nous avons essayé de les classer en trois groupes; où nous avons pu les distinguer les différents cépages sont cultivés dans les mêmes terrains.

1er Groupe. — Cépages les plus résistánts

Cabernet Sauvignon, Castel, Durif, Folle Blanche, Muscadet, Persan, Sauvignon Semillon, Ugni blanc.

2e Groupe. — Cépages sensibles

Alicante, Aligote, Cabernet Franc, Colombard, Enfariné, Folle Noire, Jurançon, Gamay, Groslot de cinq Mars, Merlot, Meslier, Mondeuse, Petit Bouschet, Syrah.

3e Groupe. — Cépages très sensibles

Aramon, Cursant, Clairette, Chasselas, Malbec, Marsanne, Muscat, Monastel, Pinot, Verdot.

TRAITEMENT DU MILDIOU

Efficacité des traitements. — Il y a trois conditions indispensables au succès des traitements :

1º Nécessité d'opérer de très bonne heure pour protéger les premières feuilles.

2º Répéter les traitements au fur et à mesure du développement de la vigne.

3º Opérer préventivement, pour que les feuilles de vigne soient toujours imprégnées de sulfate de cuivre.

Nous savons que le champignon du mildiou vit à l'intérieur des tissus de la vigne, on comprendra alors que les traitements ne puissent les détruire lorsque la maladie s'est développée, les traitements doivent donc être préventifs.

A ce jour, il n'existe pas de traitement curatif, mais nous possédons des traitements préventifs, d'une grande efficacité avec les sulfates de cuivre.

Tous les sels de cuivre, même en très petite quantité ont l'influence d'empêcher la germination des semences du mildiou.

Pour que le sulfate de cuivre ne brûle pas les feuilles, on le prépare à une base de chaux, formant ensemble ce que l'on appelle bouillie, nous verrons plus loin les différentes compositions des bouillies employées.

Les traitements devant être faits préventivement, il est donc de toute nécessité d'opérer le premier sulfatage, lorsque les pousses ont 10 à 15 centimètres de long ; le deuxième traitement, sitôt la floraison terminée et le troisième traitement, environ cinq à six semaines après le second, ou mieux quand les raisins ont atteint une certaine grosseur.

Les traitements doivent être faits en tenant compte de la végétation, car il nous est impossible d'établir des dates fixes auxquelles ils doivent avoir lieu, le viticulteur en voyant la végétation de la vigne doit savoir quand il lui faudra les opérer, mais avec les dates ci-dessous on ne s'écarte pas beaucoup du moment le plus favorable.

> 1er traitement vers le 15 Mai.
> 2e traitement vers le 5 Juin.
> 3e traitement vers le 1er Juillet.

Il est de toute évidence que nous donnons ces dates comme moyenne, mais plus nous irons dans le midi, plus il faudra avancer l'époque et plus nous irons au nord, plus il faudra la retarder.

Ce qu'il faut surtout faire exactement, c'est le premier traitement qui a une très grande importance car, si l'opération est faite trop tard, la maladie se développera et se manifestera toute l'année.

Un quatrième traitement est utile dans les années d'invasion et dans les vignes plantées en plaines humides.

L'idée d'employer les sels de cuivre pour combattre le mildiou est venue tout naturellement. En Saône-et-Loire les vignes, sur échalas trempés dans le sulfate de cuivre pour leur donner plus de durée, étaient moins exposées que les autres au mildiou. En Gironde pour préserver les raisins des maraudeurs, il était mis sur les vignes situées sur le bord des routes du sulfate de cuivre mélangé de chaux, les vignes aspergées étaient toutes vertes et celles qui n'avaient rien reçu étaient toutes grillées ; le fait était frappant : par la suite MM. Millardet et Gayon ont démontré l'efficacité du cuivre contre le mildiou.

Poudres préparées. — Les poudres préparées ont les mêmes vertus que les bouillies bordelaises, leurs propriétés sont excellentes, mais leur prix est très élevé et la quantité de cuivre souvent réduite, on peut les employer lorsque l'on a qu'une petite quantité de vigne, mais lorsque l'on a une certaine étendue, il est préférable d'employer le sulfate de cuivre et faire soi-même sa bouillie ; de cette façon on connaît exactement la qualité et la dose que l'on emploie, puis on réalise une économie sérieuse.

TRAITEMENTS DU MILDIOU

Dans le début les doses employées étaient très élevées, M. Millardet fut le premier à indiquer le remède à employer et dans son compte rendu en 1884 à l'Académie des sciences a donné la formule suivante :

Faire dissoudre 8 kilogrammes de sulfate de cuivre dans 100 litres d'eau, on prépare dans un autre récipient, un lait de chaux composé de 5 kilogrammes de chaux délayée dans 30 litres d'eau.

Depuis on a beaucoup réduit les doses et nous sommes arrivés à trouver satisfaction avec les doses ci-dessous :

Bouillie Bordelaise

Sulfate de cuivre.............	3 kilos
Chaux vive............... ...	2 —
Eau....................	100 litres

Il est très important de verser la chaux dans le sulfate de cuivre, M. Gayon a montré en effet, qu'en faisant l'inverse, une partie du cuivre passait à l'état d'oxyde de noir insoluble, et par conséquent sans action contre la maladie.

M. Millardet après de nouvelles études nous donne la formule ci-dessous qui se montre très efficace :

Sulfate de cuivre.............	2 kilogs
Chaux vive...............	1 —
Eau......................	100 litres

D'après MM. Passerini et Fautecchi, on peut sans diminuer sensiblement l'efficacité du remède réduire de 1 °₀ la dose du sulfate de cuivre.

A titre de renseignement, nous reproduisons les expériences faites par M. J. Poitou, propriétaire-viticulteur à Libourne (Gironde).

Il y a quinze ans, depuis 1889 que je combats les maladies cryptogamiques, désignées dans ce titre, avec la bouillie bordelaise ainsi préparée :

Sulfate de cuivre .... 500 grammes
Chaux .... 500 —
Eau .... 100 litres

Partout ailleurs on applique généralement la formule suivante :

Sulfate de cuivre .... 3 kilos
Chaux .... 2 —
Eau .... 100 litres

Il en résulte que j'emploie 4, 5 et 6 fois moins de sulfate de cuivre que les autres viticulteurs, or, personne d'une manière générale, n'obtient de meilleurs résultats plus palpables que ceux que me donnent les doses légères que j'emploie, de sorte que depuis quinze ans, je sulfate mes vignes d'une étendue relativement importante, environ 35 hectares, en réalisant une économie très considérable tout en obtenant la même efficacité, l'économie que je réalise comparativement aux autres viticulteurs couvre au-delà les frais de la main-d'œuvre.

Du reste l'économie qui résulte de l'emploi des doses légères n'est pas le seul intérêt qui s'attache à ma manière de procéder, il y a d'autres avantages, résultant de l'emploi des doses légères sur lesquels je désire dire quelques mots.

1º La bouillie bordelaise que je répands sur les feuilles laisse des traces très visibles et persistantes, assez colorées pour que l'opérateur et le propriétaire puissent vérifier si le travail est bien ou mal fait. On a abandonné très vite et avec raison les préparations invisibles qui ne permettent pas de se rendre compte de la bonne ou de la mauvaise application de la bouillie.

2º Ma bouillie n'encrasse pas les ouvertures, si petites, ni la canalisation si étroite des instruments.

3º La pulvérisation est aussi plus facile, parce que plus la dose de sulfate de cuivre et de chaux vive est élevée, plus le liquide est épais, et l'effort de la pression restant le même, moins bien se fait la pulvérisation. Or, la pulvérisation bien faite est la première condition du sulfatage.

Comme l'idée est venue à M. Poitou d'employer des doses aussi faibles. — Je tiens à donner ici les explications nécessaires, qui sont autant de preuves à l'appui de ma préparation.

1º Je savais dès l'origine de l'invasion du mildiou que les préparations de cuivre n'avaient absolument aucune action sur le mildiou, né vivant et exerçant ses ravages, malgré toutes les préparations qu'on pouvait impunément pour sa vigueur, lui prodiguer ; je savais donc, dès les premiers temps de son apparition, que lorsque ce champignon était né, il parcourait toutes les phases de sa vie sans souffrir le moins du monde de l'application des sels de cuivre. Mais je savais aussi, et c'était le point important, que les spores du mildiou ou bien sa graine pour mieux me faire comprendre du vulgaire, ne pouvait plus germer, si la face supérieure de la feuille, sur laquelle il tombe et nait à peu près toujours, avait été touchée par une préparation de cuivre, que la dose fut petite ou considérable.

Cette action extraordinaire du cuivre et de tous ses composés solubles, neutres ou alcalins ou insolubles, d'empêcher la graine du mildiou de germer, m'avait été demontrée par les observations suivantes :

2° En premier j'avais remarqué, au Congrès Viticole de Bordeaux, un passage d'une communication faite par M. Millardet, dans lequel il racontait qu'en cherchant à faire germer des spores de mildiou, il obtenait des résultats excellents lorsqu'il employait l'eau du fleuve, mais s'il lui substituait celle de sa pompe en cuivre, la germination se faisait mal.

Or, je le demande, quelle quantité de cuivre peut-il y avoir dans l'eau qui s'échappe d'une pompe faite avec ce métal.

3° Je savais encore que le même professeur M. Millardet avait, par des expériences précises, positives, démontré qu'il suffisait d'un trois millionnième de cuivre pour s'opposer à la germination des spores du mildiou, c'est-à-dire, que si on fait dissoudre 1 gramme de sulfate de cuivre dans trois millions de grammes d'eau soit 3.000 litres, cette solution suffira à empêcher la germination de la graine de ce champignon. Or, au lieu de un gramme par 3.000 litres, je mets quatre grammes par litre !

Il est vrai que j'emploie une substance insoluble. Nous allons bientôt revenir, à plusieurs reprises, sur les propriétés insolubles.

4° Je n'ignorai pas non plus les expériences de Prévost Bénédict qui en 1807, avec de l'eau qui avait simplement séjourné dans un vase de cuivre, empêchait la germination des spores de la carie du blé, expériences faites dans des conditions telles qu'on ne peut admettre la présence du cuivre qu'à l'état infinitésimal.

5° Je savais parfaitement que l'illustre physicien de Saussure, avait fait des expériences analogues à celles de Prévost Bénédict, et avait obtenu les mêmes résultats.

Tous ces expérimentateurs célèbres avaient donc prouvé que les doses les plus infinitésimales de cuivre gènaient ou empêchaient la germination et par suite la prolification des champignons microscopiques.

Depuis, rien n'est venu infirmer ces puissantes et extraordinaires propriétés du sulfate de cuivre. Tout dernièrement encore M. Bernard, professeur d'agriculture à Libourne, m'affirmait que dans des expériences récentes, il avait été bien surpris de voir les plus petites quantités de sulfate de cuivre empêcher la germination des spores du champignon de couche que l'on cultive dans les carrières.

Voilà l'exposé des faits scientifiques que j'avais recueillis ; ils démontrent bien que la plus petite parcelle de cuivre empêche la graine du mildiou de germer et que, grâce à cette propriété le cuivre et ses préparations nous mettent à l'abri de ses attaques, mais à une condition indispensable, c'est que l'application précède la germination des spores, car ces mêmes sels de cuivre n'exercent plus aucune influence quand l'application sur la feuille de la vigne n'est faite qu'après la germination des spores du mildiou.

Bouillie Bordelaise

M. Millardet a donné la formule suivante, qui se montre très efficace :

Sulfate de cuivre...........	2 kilogs
Chaux vive...............	1 —
Eau...................	100 litres

et pour le premier traitement on peut réduire en la formule suivante :

Sulfate de cuivre...........	1 k. 500
Chaux vive...............	0 k. 750
Eau...................	100 litres

Bouillie Bourguignonne

Cette bouillie est préconisée par M. Masson de Beaune et donne la formule suivante :

Sulfate de cuivre...........	2 kilogs
Cristaux de soude, de commerce, (carbonate de soude)	3 kilos
Eau	100 litres

Dans cette bouillie, on emploie le carbonate de soude pour neutraliser le sulfate de cuivre· On a recours au carbonate ordinaire vendu chez les épiciers, qui est livré en cristaux.

Nous donnons quelques formules d'après MM. Wemmann et Depuiset :

Bouillie Bourguignonne neutre à 1 1/2 °/o

Sulfate de cuivre...........	1 k. 500
Carbonate de soude Solvay....	0 k. 700
Eau...................	100 litres .

Bouillie Bourguignonne neutre à 2 %

Sulfate de cuivre............	2 kilos
Carbonate de soude Solvay...	0 k. 900
Eau......................	100 litres

Bouillie Bourguignonne légèrement acide

Sulfate de cuivre............	1 k. 500
Carbonate de Soude Solvay...	0 k. 650
Eau......................	100 litres

Bouillie Bourguignonne alçalinée

Sulfate de cuivre............	1 k. 500
Carbonate de soude.........	0 k. 800
Eau......................	100 litres

Il faut absolument employer les bouillies Bourguignonnes le jour même de leur préparation, car elles perdraient leur adhérence et leur efficacité. Les bouillies Bordelaises peuvent se conserver plusieurs jours sans inconvénient.

Bouillie à l'Alun

M. Martini a proposé l'adjonction d'alun à la bouillie Bordelaise, l'auteur emploie le mélange suivant :

Sulfate de cuivre............	0 k. 200
Chaux éteinte..............	1 kilog.
Alun	1 —
Eau......................	100 litres

L'alun est dissout dans une certaine quantité d'eau et mélangé ensuite.

Bouillie au Verdet

Les Verdets sont des acétates de cuivre et sont comme les sulfates, d'une grande efficacité contre le mildiou, ils ont l'avantage de se dissoudre très rapidement dans l'eau, souvent il est plus commode de se servir de Verdets que de sulfates, car les Verdets peuvent se mettre à dissoudre lorsque l'on est pour s'en servir ; quant aux sulfates il faut les mettre à dissoudre deux ou trois jours à l'avance, et cela n'est pas toujours facile pour les transports. Le Verdet est très adhérent, mais il a un grand inconvénient, c'est qu'il marque peu les feuilles et pour cette raison il n'est pas facile de contrôler le travail des ouvriers.

Les Verdets ont une plus grande richesse en cuivre que les sulfates et comme leur action est très rapide on peut diminuer les doses de Verdet, soit :

Verdet . . . . 1 kilogramme
Eau . . . . 100 litres

On dissout facilement le Verdet, il ne reste aucun grumeau et il ne se forme aucun dépôt, le pulvérisateur ne s'engorge donc jamais. Cette bouillie est reconnue très efficace, ne brûlant jamais les feuilles. Nous avons vu dans certains vignobles ajouter 500 grammes de plâtre délayé dans un peu d'eau, de cette façon le traitement paraît bien sur les feuilles, il faut se garder d'y mettre de la chaux, car il se formerait de l'oxyde de cuivre.

Selon nous, on peut employer les doses suivantes :

Par hectolitre, Verdet, 500 gr. pour le 1er traitement
    —   —   800   —   2e   —
    —   —   1 kil. —   3e

Bouillie Sucrée

M. Perret en 1892 a imaginé la bouillie sucrée, c'est une bouillie Bordelaise ou une bouillie

Bourguignonne dans laquelle on ajoute du sucre sous forme de mélasse.

Voici la formule donnée par M. Perret :

Sulfate de cuivre....   2 kilogrammes
Chaux.............   2   —
Mélasse...........   2 litres
Eau ....   100 —

On fait dissoudre le sulfate de cuivre dans 10 litres d'eau, puis on y verse la chaux, préalablement délayée dans 10 litres d'eau, puis on brasse fortement et on mélange les 2 litres de mélasse délayés également dans 10 litres d'eau.

Cette bouillie est beaucoup plus adhérente que les précédentes et n'encrasse pas les instruments.

Autres formules de bouillies sucrées.

Formule indiquée par M. Faasse, professeur spécial d'agriculture à Chatillon-sur-Seine :

Sulfate de cuivre...........   1 kil. 500
Chaux (quantité nécessaire pour rendre
    la bouillie neutre).
Mélasse....................   1 kil. 500
Eau ....   100 litres

Bouillie Mercurielle

Cette bouillie a été expérimentée et mise en pratique en 1890 par M. le commandant Ducassé, dans son vignoble situé dans le Lot-et-Garonne. Il est impossible d'insérer sa formule, car cet expérimentateur a breveté son invention.

Cette bouillie donne de moins bons résultats que la bouillie Bordelaise.

Bouillie au Savon

L'addition du savon à la bouillie, a la propriété de rendre celle-ci plus adhérente et de prolonger son efficacité.

La formule serait la suivante :

Sulfate de cuivre	2 kilogs
Savon en poudre	2 —
Eau	100 litres

C'est M. Lavergne qui a proposé le premier l'emploi de la bouillie au savon.

Bouillie à la Colophane

L'adhérence des bouillies est considérablement augmentée par l'addition de 500 grammes de Colophane.

Formule de M. J. Perraud, professeur d'agriculture à Villefranche :

		Sulfate de cuivre	1 kil. 500
A	{	Eau	50 litres
		Colophane	500 grammes
B	{	Carbonate de soude	500 —
		Eau	10 litres

On complète à 100 litres avec de l'eau, lorsque le mélange A et B est opéré.

Formule de M. Perrier de la Bathie, professeur d'agriculture à Saintes :

Sulfate de cuivre	2 kilogr.
Carbonate de soude Volnay	1 kil. 200
Colophane pulvérisée	1 kilogr.
Eau	100 litres

Bouillie à l'Huile de Lin

Egalement l'huile de lin augmente l'adhérence des bouillies.

Pour la bouillie bourguignonne, on ajoute 30 à 40 grammes d'huile de lin, que l'on verse en agitant dans la solution de sulfate de cuivre.

Pour la bouillie bordelaise, on ajoute 30 à 40 grammes également d'huile de lin, que l'on mélange à la chaux et on le verse peu à peu dans la solution de sulfate de cuivre, jusqu'à neutralisation.

Formule de M. Condeminal :

A
- Sulfate de cuivre..... 1 kilogr.
- Eau................... 50 litres

B
- Chaux vive.......... 1 kilogr.
- Eau................. Quelques litres
- Huile de lin .... 20 grammes

On verse un peu d'eau sur la chaux vive, ensuite on y ajoute l'huile de lin et on brasse énergiquement, on obtient un savon de chaux qu'on verse dans la solution de sulfate jusqu'à neutralisation, puis on complète de manière à obtenir 100 litres.

Eau Céleste

L'eau céleste est un liquide bleu que l'on obtient en versant de l'ammoniaque sur du sulfate de cuivre.

Formule de M. Andoynaud, professeur à l'école d'agriculture de Montpellier :

A
- Sulfate de cuivre..... 1 kilog.
- Eau chaude.......... 5 litres.

B
- Ammoniaque à 22°... 1 litre 1/2
- Eau................. 3 litres.

On verse la solution B dans la solution A, puis on complète à 100 litres avec de l'eau.

L'eau céleste est une solution limpide qui n'engage pas les pulvérisateurs et qui adhère très bien, mais a l'inconvénient de ne pas marquer les feuilles, et ensuite peut les brûler par le sulfate d'ammoniaque qu'elle contient, elle devient très dangereuse.

Nous conseillons l'abstention de l'emploi de l'eau céleste.

TRAITEMENTS COMBINÉS

pour combattre le Mildiou et l'Oïdium

Bouillies Soufrées

Depuis déjà de longues années on emploie des bouillies mixtes pour combattre à la fois le mildiou et l'oïdium, afin de simplifier la main-d'œuvre et diminuer les frais considérables de la culture de la vigne.

Le soufre sec en poudre ne peut être mélangé dans une bouillie cuprique, qu'à la condition de lui faire subir une préparation préalable pour le rendre mouillable, sans quoi il se ramasse en grumeaux et ne produirait aucun effet.

Pour rendre le soufre mouillable, il n'est pas utile d'y ajouter de l'alcool, comme cela à été essayé, il suffit seulement de le triturer avec la chaux, si on emploie la bouillie bordelaise ou avec le carbonate de soude, si on emploie la bouillie bourguignonne, on y ajoute de l'eau de manière à obtenir une pâte bien homogène, on ajoute ensuite cette pâte à la dissolution de sulfate de cuivre, jusqu'à neutralisation.

D'après M. Verneuil (1) voici le mode de préparation indiqué pour obtenir la pâte homogène pour rendre le soufre mouillable.

(1) Progrès agricole et viticole.

Il suffit d'incorporer à la chaux en pâte les 2 kilogs ou 2 kilogs 500 que peut recevoir un hectolitre de bouillie.

On ne peut pas dépasser cette quantité, sans cela le soufre en excédent tombe au fond du récipient où l'on prépare la bouillie, il est inutilisé. On peut préparer à l'avance d'assez grandes quantités de cette combinaison de chaux et de soufre. Connaissant à peu près le poids de pâte de chaux qui sera nécessaire pour neutraliser la dose de sulfate de cuivre employé par hectolitre, on pèse la quantité de chaux qu'il faut pour 10 hectos de bouillie, par exemple, on y ajoute un peu d'eau. Puis, on l'étendra sur un sol uni, sur une vieille porte mise à plat, par exemple, on y versera 20 à 25 kilogs de soufre et on mélangera ensuite intimement le soufre et la chaux en pâte, en broyant bien les petites mottes de soufre. Une truelle de maçon un peu large est le meilleur outil pour ce travail, on obtient, par le malaxage, une sorte de mayonnaise qui doit être exempte de gros grains. Cette pâte une fois faite étant recouverte d'un peu d'eau dans un vieux fût quelconque, peut se conserver plusieurs jours avant d'être employée. On s'en sert ensuite absolument comme si on employait de la chaux pure, en l'étendant d'eau et la versant à travers un tamis sur la dissolution de sulfate de cuivre, jusqu'à neutralisation, que l'on doit constater avec du papier de tournesol.

Voici la formule à employer.

A {
Sulfate de cuivre .... 2 kilos
Eau .... 10 litres
}

B {
Chaux .... 1 kilo
Soufre .... 2 kilos
}

Compléter pour obtenir un hectolitre.

Nous donnons aussi la formule de M. Guille, professeur d'agriculture à Bar-sur-Seine, très employée dans le centre :

Sulfate de cuivre	2 kilos
Carbonate de soude	900 gr.
Soufre	3 kilos
Colophane en poudre	60 gr.
Eau	100 litres

Pour la préparation des bouillies, le soufre précipité est supérieur au soufre sublimé.

Bouillies soufrées aux polysulfures

Les polysulfures sont très commodes à employer, et on peut s'en servir à la place du soufre en poudre pour préparer les bouillies soufrées, car celui-ci exige de grandes précautions, malgré les diverses manières désignées pour faire le soufre mouillable ; il est beaucoup plus simple d'employer les polysulfures qui se montrent tout aussi efficaces dans la lutte contre l'oïdium.

On emploie généralement 500 grammes de polysulfure pour le premier traitement, 1 kilogramme pour le deuxième et 1 kilogramme également pour le troisième traitement.

Nous donnons les formules préconisées par M. Chancrin, directeur de l'école de viticulture de Beaune :

Bouillie Bordelaise aux Polysulfures

Sulfate de cuivre	1 kil. 500
Chaux vive	250 gr.
Polysulfure	1 kilo
Eau	100 litres

Bouillie Bourguignonne aux Polysulfures

Sulfate de cuivre...........	1 kil. 500
Carbonate de soude	500 gr.
Polysulfure	1 kilo
Eau.,...................	100 litres

Bouillie au Verdet et aux Polysulfures

Verdet neutre.............	500 gr.
Polysulfures..............	500 gr.
Eau......................	100 litres

On dissout à l'avance les polysulfures dans 50 litres d'eau, puis on ajoute le verdet qui fond rapidement et l'on complète à 100 litres avec de l'eau.

Formule de M. Hoc, professeur d'agriculture, à Château-Thierry :

Sulfate de cuivre	1 kilo
Polysulfures alcalins.......	1 —
Eau.....................	100 litres

Formules de MM. Weinmann et Depuiset, chimiste et professeur d'agriculture, Epernay, pour les bouillies aux polysulfures et pour les bouillies soufrées au soufre Carat :

Sulfate de cuivre..........	1 kil. 500
Chaux vive...............	250 gr.
Polysulfure	1 kil. 200
Eau.....................	100 litres

ou bien :

Sulfate de cuivre..........	1 kil. 500
Carbonate de soude........	500 gr.
Polysulfure	1 kil. 200
Eau.....................	100 litres

ou bien :

Bouillie Bordelaise ou Bourguignonne

A 2 %....................... 100 litres
Polysulfures.............. 1 kilo.

Bouillies Soufrées au Soufre Carat

Depuis 1901, MM. Weinmann et Depuiset ont préparé un polysulfure alcalin liquide concentré et fortement sulfuré, nommé soufre Carat liquide. Ce polysulfure peut se combiner à toutes les bouillies cupriques indiquées précédemment : bouillie bordelaise, bouillie bourguignonne, verdet, bouillie à la colophane, etc.

Voici les proportions qu'ils préconisent :

AU PREMIER ARROSAGE

Sulfate de cuivre.............. 1 kilo
Chaux vive.................. 200 gr.
Soufre Carat..... .... 2 litres
Eau........................ 100 litres

AU DEUXIÈME ARROSAGE

Sulfate de cuivre........... .. 1 kil. 500
Chaux vive................. 300 gr.
Soufre Carat................ 3 litres
Eau........................ 100 litres

AU TROISIÈME ARROSAGE

Sulfate de cuivre.............. 2 kilos
Chaux vive.................. 400 gr.
Soufre Carat................ 3 litres
Eau .... 100 litres

TRAITEMENT COMBINÉ COMPLET
contre Mildiou-Oïdium

Les bouillies cupriques sulfurées lysolées permettent de faire d'un seul coup le traitement contre tous les parasites de la vigne: Champignons et insectes ; on a ainsi avec le minimum de main-d'œuvre, le maximum d'action. En voici les proportions à employer.

PREMIER TRAITEMENT

Sulfate de cuivre..............	900 gr.
Chaux vive...................	180 gr.
Soufre carat	2 litres
Lysol........................	1/4 de litre
Eau	100 litres

DEUXIÈME TRAITEMENT

Sulfate de cuivre.............	1 k. 300
Chaux vive...................	225 gr.
Soufre Carat.................	3 litres
Lysol.......................	1/3 de litre
Eau.	100 litres

TROISIÈME TRAITEMENT

Sulfate de cuivre	1 k. 500
Chaux vive...................	250 gr.
Soufre Carat	3 litres
Lysol.......................	1|2 litre
Eau	100 litres

Au lieu de préparer sa bouillie soi-même, on peut se servir dans ces formules d'une bouillie toute préparée du commerce de n'importe quelle marque, suivant les préférences de chaque viticulteur. En se servant d'une bouillie toute préparée du commerce, on mettra un tiers en moins de bouillie cuprique dans les formules de ces différents arrosages, que si l'on employait la bouillie seule.

Pour la préparation du mélange, faire d'abord la bouillie cuprique avec 40 à 50 litres d'eau, délayer dans un autre récipient le soufre Carat dans environ 30 litres d'eau; ensuite, ajouter dans cette même eau le lysol, batonner. Verser ensuite ce mélange par portions de 5 à 6 litres environ à la fois, en l'espace de quelques minutes, dans la bouillie cuprique, puis, compléter l'hectolitre avec de l'eau.

Le mélange prend une teinte brune noirâtre de sulfure de cuivre, et l'odeur sulfurée disparait, ce qui est dans l'ordre.

Les bouillies soufrées et sulfurées doivent, comme les bouillies ordinaires être employées fraîches.

On remarquera que dans les formules au soufre Carat les quantités de sulfate de cuivre indiquées sont moindres que dans les bouillies cupriques simples correspondantes, ce qui est encore un avantage des bouillies sulfurées à ajouter à celui de la simplification de la main d'œuvre. C'est grâce à la rapidité et à la durée considérable de l'adhérence de ces bouillies que l'on peut y faire des économies de cuivre.

Avec les bouillies soufrées il n'est pas nécessaire de vérifier au papier de tournesol; les proportions indiquées donnent des bouillies neutres.

Chapitre Quatrième

3ᵉ Groupe

UREDINÉES

Les Uredinées sont des champignons microscopiques, parasites produisant au-dessous de l'épiderme des feuilles ou des tiges leurs appareils reproducteurs.

La maladie produite par les Uredinées est la Rouille de la vigne.

ROUILLE DE LA VIGNE [1]

L'Urédo Vialæ est jusqu'à présent, la seule Uredinée dont la présence ait été constatée sur la vigne.

Ce parasite a été observé en 1890 par M. de Lagerkeim à la Jamaïque, où il produisait de graves dégâts sur des feuilles de vignes cultivées.

Les feuilles des ceps atteints par ce parasite étaient couvertes de points jaunes, arrondis, d'un diamètre environ d'un demi-millimètre, concluant et formant par leur réunion, de larges plaques jaunes.

En grattant ces points avec une aiguille, on en retira des spores ovoïdes de 20 à 27 μ de long, sur 15 à 18 μ de large.

La membrane de ces spores était hérissée de petites pointes. Aux spores étaient mèlées des paraphyses ou poils simples.

Ce parasite n'a pas été retrouvé dans d'autres contrées.

---

[1] D'après M. F. Guéguen, chef des travaux de Microbiologie à l'école supérieure de Paris.

Chapitre Cinquième

4ᵉ Groupe

BASIDIOMYCÈTES

Les Basidiomycètes sont des champignons ordinairement de grande taille, c'est un groupe dont les cellules mères sont des basides, les basides sont des sortes de massues microscopiques qui produisent extérieurement des spores en nombre pair. Les maladies produites par les Basidiomycètes sont : 1º l'Exobasidium Vitis ; 2º Armillaria Mellea.

EXOBASIDIUM VITIS [1]

Cette maladie fut trouvée en 1894 par MM. Prillieux et Delacroix, sur des feuilles de vigne de la Charente et du Beaujolais, la maladie offre peu de gravité.

Le champignon qui la produit, se développe en Septembre et Octobre, lorsque les raisins sont presque mûrs, on l'observe surtout pendant les années humides.

Le mal apparaît sur la peau du raisin comme un petit point sombre, auquel succède une dépression livide et flasque, qui bientôt se creuse en cupule par suite de la disparition progressive de la pulpe.

Un peu avant la fin de dissécation, apparaissent à la surface de la dépression, un certain nombre

---

(1) D'après Prillieux et Delacroix.

de petits coussinets arrondis, d'un jaune d'or, qui sont les fructifications du parasite.

Si l'on dissocie l'un de ces coussinets, l'examen microscopique montre qu'il est formé d'un lacis de filaments myceliens dont l'extrémité libre et périphérique se renfle en une massue terminée par une couronne de six spores ovoïdes, portés sur de très courts stérigmates.

En délacérant la pulpe du grain de raisin avec des aiguilles, on y trouve un abondant mycelium cylindrique, très ramifié, cloisonné, sinueux à contenu refringeant et riche en granules.

D'après MM. Prillieux et Delacroix, les fructifications forment à la surface de la feuille des efflorescences d'un blanc de craie, basides et spores ont les mêmes caractères que sur les fruits. Les feuilles fortement atteintes sont partiellement desséchées et comme grillées.

L'Exobasidium Vitis n'a pas causé, jusqu'à présent, de dégâts bien importants, aussi ne lui a-t-on opposé aucun traitement.

ARMILLARIA MELLEA [1]

Ce champignon qui provoque de si grands dégâts dans les forêts de Conifères, dont il détruit parfois des hectares entiers, et qui ravage aussi les plantations de mûriers, s'attaque assez rarement à la vigne, dont il provoque alors l'une des altérations connues sous le nom de pourridié.

Le pourridié causé par l'armillaria mellea se caractérise par l'apparition, autour du pied de la plante, de champignons d'assez grande taille, parfois isolés, le plus souvent réunis en bouquets. Chacun de ces champignons possède un pied

---

(1) D'après M. Guéguen.

creux à maturité, pouvant atteindre la grosseur
du doigt et une hauteur de 12 à 15 centimètres;
ce stipe est légèrement fusiforme et jaune fauve
à la base, cylindrique, blanchâtre et légèrement
floconneux au sommet. Au dessous du chapeau
qui le termine, le pied porte un large anneau
blanchâtre, restant du voile qui recouvrait les
feuillets à l'état jeune.

Le chapeau lui-même, d'une largeur de 5 à 8
centimètres, est d'abord un peu bombé et à bords
recourbés en dessous; plus tard il s'aplatit en
conservant un léger mamelon central. La couleur
de ce chapeau est d'un blond jaunâtre comparable
à celui du miel, et un peu plus foncé au centre;
la chair est de consistance ferme. A la face inférieure du chapeau se trouvent des lames rayon-
nantes, écartées les unes des autres, d'abord blanches, puis couleur de rouille. Ces lames sont
garnies de basides à quatre spores ovales, lisses.
La germination de ces spores peut être observée
dans certains liquides nutritifs, tels que du jus de
pruneaux.

Si on creuse au pied des vignes ainsi atteintes,
on y trouve des sortes de cordons noirs ou d'un
brun foncé, à cause de leur ressemblance aux
racines. Ces cordons formés par le mycelium
condensé du champignon, propagent la maladie
d'un cep à l'autre, arrivés au contact d'une racine
ils s'enfoncent sous l'écorce pour y donner de
minces filaments feutrés, réunis en une sorte de
tissu blanc qui s'insinue entre l'écorce et le
bois. Ce dernier est à son tour envahi par le
mycélium, le liber ainsi que l'écorce, sont en
partie détruits et corrodés par la sécrétion des
filaments.

Chapitre Sixième

5e Groupe

ASCOMYCÈTES

Les Ascomycètes sont un groupe de cryptogames ayant les spores réunies en asques, cellule dans laquelle se forment les spores, destinés à reproduire le champignon. Les Ascomycètes possèdent plusieurs manières d'appareils reproducteurs. C'est ce groupe de champignons qui fournit la plus grande partie des maladies de la vigne, également dans ce groupe, les traitements hygiéniques et préventifs sont indispensables.

Les maladies produites par les Ascomycètes sont : l'Anthracnose, le Black-rot, la maladie du raisin du Causase : la Mélanose, le noir de la vigne, l'Oïdium, le Pourridié, la pourriture noble, le Rot amer, le Rot blanc.

ANTHRACNOSE

On l'appelle aussi : Maladie noire, Rouille noire, Charbon. C'est une maladie très ancienne, connue depuis longtemps en Europe, sous bien des noms ; exceptionnellement c'est une maladie qui n'est pas originaire de l'Amérique, elle est causée par un champignon le glœosporium ampélophagum, faisant partie du groupe des Pyrénomycètes et de l'ordre des Ascomycètes.

La vigne peut être affectée à toutes les époques de la végétation, on l'aperçoit sur les feuilles formant des taches rougeâtres, qui deviennent brunes, puis noires ; il se forme sur la feuille une quantité de petits trous, bordés d'un liseré rougeâtre, il n'existe pas de pustules noires comme dans le Black-rot.

Sur les sarments elle se présente par des taches qui augmentent, formant des chancres qui rendent ces parties cassantes, le cep prend un air languissant et finit par mourir. Le parasite se développe sous l'action de la chaleur et de l'humidité.

Il y a trois variétés principales d'anthracnose :

    1° L'anthracnose maculée.
    2°   —   ponctuée.
    3°   —   déformante.

L'Anthracnose Maculée

Elle attaque tous les organes de la vigne, mais principalement les rameaux. Les rameaux de l'année sont atteints jusqu'à l'époque où ils commencent à s'aoûter. On le voit apparaître sur les pousses vertes sous forme de petits points isolés, brunâtres, ces points augmentent rapidement et deviennent noirs, ils ont de 1 à 3 centimètres, les taches peuvent s'agrandir, se creuser et plusieurs peuvent se réunir et rendre les sarments très cassants.

Sur les feuilles, l'anthracnose fait les mêmes altérations, les feuilles attaquées sont parfois fortement boursouflées, l'intérieur des taches se dessèche, disparaît, il reste un trou bordé d'un entourage noir.

Sur les grains on aperçoit des taches analogues, le centre de la tache est rose, les grappes séchent et les grains se détachent ; sur les grains on observe des points noirs ronds, quelquefois les pépins sont mis à nu.

Il y a des cépages plus résistants les uns que les autres à l'anthracnose maculée. Nous pouvons citer parmi les moins résistants : le muscat d'Alexandrie, l'Aspiran, le Jacquez, le Malbec, les Cabernets, le Cinsaut, la Clairette, l'Alicante Bouschet, la Grenache, le Merlot.

Et parmi les plus résistants, nous citerons : le Sauvignon, la Syrah, le Mourvèdre, les Pinots, le Durif, les Chasselas.

Les vignes souffrent de l'Anthracnose maculée, que lorsque les premières chaleurs sont arrivées ; les vignes basses y sont plus sujettes, où l'air ne circule pas.

L'anthracnose ponctuée

L'anthracnose ponctuée forme des lésions semblables à celles produites par la grêle ; elle se développe principalement sur les vignes américaines ; les Clinton, les Riparia Rupestris, les Solonis, nous l'avons remarquée aussi sur certains cépages français, sur le Malbec, la Grenache.

On l'apercoit sur les fruits formant des taches noires dures.

Elle se développe sur les feuilles, en attaquant les nervures ; sur les sarments, l'anthracnose ponctuée forme de nombreux petits points noirs isolés, gros comme la tête d'une épingle.

Le mal est surtout important lorsqu'il s'attaque aux fleurs, et occasionne la coulure.

L'anthracnose ponctuée est la moins dangereuse des trois.

L'anthracnose déformante

Nous ne connaissons pas encore la cause de cette maladie ; elle boursoufle les feuilles et leur donne des formes irrégulières et recroquevillées.

TRAITEMENTS. — On peut employer les mêmes traitements pour ces trois sortes d'anthracnose. On peut lutter contre l'anthracnose par des traitements préventifs, avant le débourrement, et par des traitements curatifs pendant la végétation.

Nous indiquerons la formule Schnorf et Skawinski, pour les traitements d'hiver, un mois avant le débourrement.

Sulfate de fer............... 50 kilos
Acide sulfurique........... 1 litre
Eau...................... 100 —

On fait fondre le sulfate de fer dans 40 à 50 litres d'eau chaude, et on y verse l'acide sulfurique doucement, en remuant le tout ; on doit l'employer chaude, et faire attention aux projections.

Les traitements curatifs ne donnent pas de résultats parfaits, mais si on voit l'apparition de la maladie, il est bon d'y avoir recours.

D'après M. Viala, le meilleur moyen consiste à opérer des soufrages répétés à l'aide de mélanges de soufre et de chaux, on peut faire le premier traitement lorsque les pousses ont 6 à 8 centimètres de long, on pratique deux traitements à huit jours d'intervalle, ce traitement atténue le mal, mais il est impuissant à l'enrayer, lorsqu'il est développé, le traitement préventif est seul efficace.

BLACK-ROT

Le Black-rot (syn.) Pourriture noire, Rot noir, Pourriture sèche. C'est une maladie des raisins qui cause des ravages importants. Elle existe depuis longtemps en Amérique, et en 1885 elle fut découverte pour la première fois en France,

BLACK ROT ou ROT NOIR

(PHOMA UVICOLA)

où elle fut importée par le plant américain, où elle a envahi la plupart des vignobles ; elle est due à un champignon : le Guignardia-Bidvelü. C'est principalement dans les milieux chauds et humides que la maladie prend de l'extension ; sur le bord des cours d'eau et des marais, le mal est plus intense.

C'est en 1885 que M. Vialla et Ravaz reconnurent le Black-rot à Ganges, Hérault ; l'année suivante il fit son apparition dans le Lot, où il fut observé par M. Prillieu et Fréchou ; il gagna ensuite l'Aveyron et le Lot et Garonne, et actuellement il existe dans tous les départements viticoles.

Le Black-rot attaque tous les organes de la vigne ; on le voit sur les feuilles formant de petites taches régulières, rondes, de la couleur feuille morte, et sur ces taches se trouvent une quantité de petits points noirs. Ces tâches couleur rouille, ont d'ordinaire 2 à 8 millimètres de diamètre ; les taches commencent à paraître sur les feuilles les plus proches du sol, puis s'élèvent peu à peu et s'épandent sur tout le cep, et finissent par envahir les fruits.

Sur le raisin le mal est terrible, car en quelques jours la récolte peut être perdue, et c'est sur les grappes que la maladie exerce ses ravages. Un peu avant la véraison, le Black-rot se présente sur les grains, par une teinte grise et une simple petite tache ; le grain attaqué se ride en peu de jours et prend une teinte ardoisée qui se couvre de petites pustules noirâtres, qui sont les organes de fructification des parasites, et en l'espace de quelques jours il ne reste plus de grain, qu'une peau flasque, ratatinée sur les pépins.

La maladie s'attaque à toutes les grappes du même cep, et dans chaque grappe il est rare s'il ne reste pas quelques grains de sains. On observe le Black-rot surtout en juillet et août; dès que la véraison a commencé, le cryptogame progresse lentement.

Sur les sarments on observe les mêmes taches que sur les feuilles; les parties fortement envahies se dessèchent, ce qui détermine la perte totale de la partie située au-delà de l'endroit attaqué.

Généralement, les atteintes du Black-rot sont dues à une semence qui provient des germes tombés sur le sol l'année précédente.

Au printemps suivant, aux premières belles journées, la contamination commence; une température d'environ 25 degrés et une grande humidité favorisent énormément l'extension de la maladie, mais lorsque le temps est sec, le parasite est anéanti.

Les spores en germant au printemps, font naître un mycélium, qui pénétre dans les tissus des feuilles et des sarments, et une quinzaine de jours après apparaissent les taches remplies de points noirs, qui donnent des germes capables de contaminer de nouvelles feuilles, et ainsi de suite, lorsque l'humidité est suffisante.

Traitement. — L'expérience a montré et prouvé que les traitements cupriques employés pour le mildiou, sont suffisants pour détruire, arrèter le développement du Black-rot, toutes les formules que nous avons indiquées pour le mildiou sont utilisables contre le Black-rot, nous recommandons seulement au cas où on s'apercevrait de l'apparition de ce cryptogame, de faire les arrosages copieux, de façon à recouvrir absolument toutes les feuilles.

Dans les endroits humides où l'apparition du cryptogame a eu lieu, il est bon de ne pas négliger les sulfatages l'année suivante, 4 traitements seraient une bonne précaution, car comme nous l'avons vu, le Black-rot est parfaitement organisé pour résister à tous les grands froids de l'hiver pour reparaître l'année suivante

MALADIE DU RAISIN DU CAUCASE [1]

Cette maladie a surtout produit des dégàts dans le Caucase en 1896, aux environs de Tiflis, pendant la première période de maturité des raisins, c'est-à-dire vers la fin d'août. Mais elle a été aussi observée en France par M. Vialà et en Suisse par M. de Jaczevoski, elle doit être fréquemment confondue avec le Black-rot, auquel elle ressemble beaucoup.

Les lésions consistent en un flétrissement du grain de raisin, accompagné d'une déformation caractéristique, l'une des moitiés de la baie subit un arrét de développement, ce qui donne au fruit un aspect réniforme.

Le mycelium du champignon ne s'enfonce qu'à une faible profondeur, car il se forme au-dessous de lui une couche de liège qui limite l'envahissement.

Les pédoncules, les sarments et les feuilles ne sont jamais attaqués, contrairement à ce qui a lieu avec le Black-rot.

---

[1] D'après M. Guéguen.

Les raisins envahis montrent en Octobre, sur l'une de leurs moitiés, de petits points noirs ressemblant aux périthèces du Black-rot. Ces périthèces contiennent des asques claviformes à huit spores disposées sur deux rangs, les asques sont séparés par des paraphyses filiformes (ce qui les distingue de ceux des Guignardia dépourvus de paraphyses). Les spores sont en fuseaux incolores, de 22 μ sur 7 environ.

Il existe également des pycnides plus grosses que celles du Guignardia et renfermant des stylospores pourvues d'une cloison oblique de 9 à 15 μ sur 7.

Ce parasite serait justiciable du même traitement que le Black-rot, dont il se rapproche beaucoup.

MÉLANOSE

La Mélanose est une maladie cryptogamique d'origine américaine, causée par un champignon le Septoria Ampélina, qui s'attaque aux feuilles, elle n'a jamais causé de dégàts importants.

Elle provoque sur les feuilles des taches noires, plus foncées à la face supérieure, qu'à la face inférieure, les feuilles atteintes jaunissent, sèchent et tombent ; l'aoûtement n'est pas parfait.

Cette maladie se montre sur les vignes américaines, le Rupestris du Lot surtout est attaqué, puis le Riparia, le Solonis ; on peut considérer les dégàts comme peu importants, du reste au cas où cette maladie présenterait quelques caractères de gravité, un léger sulfatage suffirait pour la détruire.

NOIR DE LA VIGNE

Noir de la vigne, ou Fumagine, ou Morfée, est une maladie peu importante, n'ayant jamais causé de ravages bien sérieux.

Le Noir de la vigne est une moisissure peu dangereuse, qui apparait sur les organes verts de la vigne, sur lesquels elle forme une sorte de croûte noire, assez épaisse, ressemblant à un petit amas de suie, qui est due à un champignon nommé Fumago Vagans.

Cette maladie se développe sur les feuilles et sur les rameaux de la vigne, où les cochenilles émettent des excréments de matières sucrées, qui servent de nourriture au champignon.

La Fumagine produit quelques dégàts dans les terres où l'air prédispose à son développement, dans ce cas nous conseillons de détruire les cochenilles, qui en sont la cause première.

Le Bordelais qui est d'une région chaude et humide a eu quelquefois à souffrir de ce champignon, mais de peu d'importance, au cas où cette maladie prendrait de l'extension. M. Valéry Mayet préconise cette formule :

Savon noir	30 kilos
Huile lourde de houille	5 —
Naphtaline en poudre	5 —
Eau	100 litres

L'OIDIUM

C'est en 1845, que cette maladie a été observée pour la première fois par un jardinier anglais qui la constata dans des serres à raisins de table à

Margatte, et quelques années après, on le découvrait en France dans les serres de M. J de Rothschild à Suresnes, et en 1851, l'invasion fut générale dans tous les vignobles français. Dans les années suivantes, ce fut un désastre complet, les récoltes étaient entièrement endommagées par ce qu'on appelait alors la « maladie ».

Durant ces mauvaises années, on se mit à étudier ce terrible cryptogame et on reconnut que le soufre seul pouvait mettre un terme à ses désastres et depuis il a toujours fallu opérer au traitement du soufrage, pour éviter de voir paraître le terrible cryptogame.

Aujourd'hui que l'on connaît les bons résultats obtenus avec le soufre, toutes les précautions sont prises par tous les viticulteurs, pour éviter les désastres qui se sont produits les premières années d'invasion.

L'oïdium se manifeste par une sorte d'efflorescence cotonneuse qui recouvre les organes atteints, c'est surtout sur les feuilles et sur les sarments que l'on constate l'apparition de la maladie et peu à peu finissent par envelopper tout le rameau.

Dans le début, les feuilles attaquées sont d'un gris sale et deviennent ensuite enfumées, formant des plaques poussiéreuses grisâtres.

Les vignes atteintes par l'oïdium, ont un aspect languissant, le feuillage n'est pas vermeil, il est terne, on voit sur toutes les parties vertes une efflorescence d'un blanc grisâtre, dont s'exhale une odeur de moisi caractéristique.

Les sarments qui sont atteints de cette maladie s'aoûtent mal, restent souffreteux.

C'est sur les fruits que les dégâts se manifestent considérablement, les grains sont atteints aussitôt formés et jusqu'à la véraison ils sont complètement recouverts d'une poussière blanche grisàtre, dans ce cas la récolte est à peu près détruite, car la véraison et la maturité se font dans de mauvaises conditions, la peau épaisse qui le recouvre se fend et éclate suivant une ou plusieurs lignes radiales, mettant à nu la pulpe et les pépins ; le raisin, mûrissant mal, fournit un vin de très mauvaise qualité et ne donne pas de quantité.

Lorsque le raisin est atteint d'oïdium, les grains grossissent irrégulièrement, la peau devenant coriace, empêche certains grains de se développer ; lorsque les grains se fendent, ils sèchent sous l'action de la chaleur et pourrissent par l'humidité, c'est ce que l'on appelle pourriture grasse.

L'oïdium a besoin pour se développer d'humidité et surtout de chaleur, une température de 10 à 12 degrés lui est nécessaire. Par un temps sec, l'oïdium est arrêté et une température élevée peut le détruire. L'oïdium se développe surtout dans les endroits humides, la température joue le rôle principal pour son développement.

Sensibilité des Divers Cépages

On a remarqué que les treilles qui sont élevées en hauteur le long des murs, sont plus sujettes à avoir l'oïdium que les vignes basses, c'est la disposition spéciale qui maintient pour ce genre de vignes, de l'air chaud, humide, confiné avec lumière diffuse.

M. Viala a fait une classification sur la résistance de l'oïdium pour les principaux cépages.

1° *Cépages très attaqués par l'oïdium*

Muscats, Chasselas, Frankental, Malvoisies, Teinturier, Clarette, Picquepoul, Gamays, Cabernet, Cinsaut, Terrets, Œillade, Ugni blanc, le Portugais bleu, Roussanne, Syrah.

2° *Cépages peu atteints*

Aramon, Colombard, Grenache, Dolietto, Marsanne, Monastel, Petit Bouschet, Pinots, Sauvignon.

3° *Cépages très peu atteints*

Cot, Catawba, Merlots, Folle blanche, Muscadets, York-Madeira.

Traitements contre l'oïdium

Le soufre est le remède par excellence contre l'oïdium ; il agit directement par contact, et par vapeurs qu'il dégage sous l'influence de la chaleur solaire.

Nous avons dans le commerce le soufre sous trois formes différentes.

1° Le soufre trituré.
2° Le soufre sublimé.
3° Le soufre précipité.

Nous employons de préférence le soufre sublimé et le soufre précipité. Il est bon d'opérer préventivement afin de détruire les germes de la maladie avant leur multiplication. On se base généralement pour trois traitements.

Le premier traitement doit être fait de bonne heure, lorsque les pousses ont 7 à 10 centimètres de longueur.

OÏDIUM

(OÏDIUM TUCKERI)

Le deuxième traitement a lieu à la floraison, pour diminuer la coulure.

Le troisième traitement se fait environ quinze jours ou trois semaines avant la véraison.

On emploie généralement 20 kilos de soufre au premier traitement, 30 kilos au deuxième traitement, et 40 kilos au troisième traitement pour un hectare.

Soit un total de 90 kilos de soufre par an à l'Hectare, en faisant les trois traitements.

Il faut bien se garder de soufrer après la véraison, parce que à ce moment le soufre n'a plus d'efficacité, et cela est nuisible, car le soufre s'encastre dans le raisin qui s'en va à la vendange, et qui peut se transformer en acide sulfhydrique, donnant au vin un goût très désagréable, rappelant le goût d'œufs pourris ; cet inconvénient n'existe pas si ont fait le dernier traitement, même tardivement, avec les polysulfures, de même qu'avec les bouillies sulfurées.

Les traitements doivent être fait par un temps sec et calme, après la chute de la rosée, pour que le soufre ne s'agglomère pas avec les gouttes d'eau, mais il ne faut pas le faire non plus par les grandes chaleurs, pour éviter les brulûres qui pourraient se produire ; par les journées de chaleur il faut arrêter le soufrage à 10 heures du matin pour reprendre à 2 heures de l'après midi.

Lorsque les sulfatages et les soufrages se font séparément et à peu près à la même époque, nous conseillons de faire le sulfatage le premier et le soufrage ensuite.

Une forte pluie ou un orage survenant dans les jours qui suivent les soufrages, enlève la plus grande partie du soufre, un nouveau soufrage est nécessaire.

Nous avons remarqué que les soufrages ont une tendance à favoriser la végétation de la vigne (exception faite pour certains cépages dont le soufre brûle les feuilles) sous l'influence du soufre les feuilles sont plus vertes et les sarments s'aoûtent mieux, la floraison se fait dans de bonnes conditions. la production des raisins se trouve augmentée et la maturité est très bonne. Le soufre n'agit pas seulement contre l'oïdium, mais il donne aussi de la vigueur aux vignes, c'est un fait incontestable.

Nous avons vu aussi que le soufre n'agissait seulement que lorsque les traitements étaient faits par un temps sec.

Suivant les températures climatériques et les saisons pluvieuses, il s'en suit que le soufre n'a pas toute son efficacité, aussi a-t-on cherché à utiliser le soufre sous une forme qui permette d'échapper aux caprices du temps. On a songé à le remplacer dans une certaine mesure par les polysulfures alcalins.

Les polysulfures sont des composés de soufre rendu liquide, très soluble, ils sont très adhérents sur tous les organes de la vigne et sont très efficaces contre les germes de l'oïdium.

On peut donc faire les traitements aux polysulfures alcalins par tous les temps, l'épandage se fait au moyen des pulvérisateurs habituels.

La dose à employer est la suivante :

PREMIER TRAITEMENT

Polysulfure.................. 500 gr.
Eau .... 100 litres

DEUXIÈME ET TROISIÈME TRAITEMENT

Polysulfure................... 1 kilo
Eau .... 100 litres

FORMULE DU DOCTEUR DUFOUR

Polysulfure................... 1 kilo
Savon noir................... 500 gr.
Eau .... 100 litres

Traitements curatifs

M. Truchot a préconisé l'emploi du *Permanganate de potasse* pour les traitements curatifs de l'oïdium ; la formule employée est la suivante :

Permanganate de potasse..... 125 gr.
Eau .... 100 litres

On peut augmenter l'adhérence du permanganate avec la chaux.

Permanganate de potasse ..... 125 gr.
Chaux....................... 3 kilos
Eau .... 100 litres

Pour préparer cette solution on fait dissoudre les 125 grammes de permanganate dans quelques litres d'eau chaude, puis, ensuite, on complète avec 100 litres d'eau ; nous recommandons spécialement de faire la dissolution du permanganate dans l'eau chaude, car à l'eau froide la dissolution est très lente et pas complète.

Le permanganate agit immédiatement contre l'oïdium ; étant curatif il n'agit seulement qu'au moment du traitement, contrairement avec le soufre, qui agit préventivement.

Nous recommandons l'emploi du permanganate de potasse seulement dans les cas où la maladie est développée, dont à ce moment le soufre n'aurait aucune efficacité ; aussi un soufrage est nécessaire après l'emploi du permanganate de potasse.

Traitement combiné contre l'oïdium et le mildiou au permanganate de potasse

Bouillie Bordelaise ou Bourguignonne

Au verdet.................... 100 litres
Permanganate de potasse...... 100 gr.

Traitements préventifs d'hiver

Les recherches de M. Ravaz ont montré que le champignon hiverne sur les sarments et bourgeons de pousses tardives. Ces perithèces donnent au printemps des spores ou germes de l'oïdium pour l'invasion à la végétation suivante.

L'expérience a montré que les traitements d'hiver sont insuffisants pour détruire la maladie, mais ces traitements sont très importants, malgré qu'ils n'ont pas une efficacité absolue, ils préservent la vigne d'une grande invasion à la pousse.

FORMULE DE M. DEGRULLY

Sulfate de potassium.......... 5 kil.
Savon .... 1 kil.
Eau .... 100 litres

On peut employer les dissolutions de sulfate de fer.

Sulfate de fer................ 50 kil.
Acide sulfurique............. 1 litre
Eau......................... 100 litres

On fait dissoudre le sulfate dans 100 litres d'eau chaude.

Voir aux chapitre du mildiou, les traitements combinés contre le mildiou et l'oïdium.

Appareils employés pour le Soufrage

Il y a deux sortes d'instruments employés pour le soufrage des vignes ; les soufflets pour les petites quantités de vignes à traiter et les soufreuses pour les grands vignobles.

Le premier soufflet qui a été construit pour le soufrage, est dû à M. Gontier, horticulteur à Montrouge.

Aujourd'hui, le souflet est répandu dans tous les vignobles. Le soufflet Vermorel est très répandu, on verse le soufre dans un compartiment spécial, un petit agitateur est mis en mouvement par le soufflet pour diviser le soufre, pour ne laisser passer qu'une petite quantité de soufre à la fois. Les soufflets sont utiles pour les petites surfaces à traiter ; les ouvriers qui font ce travail feront bien de se garantir la vue.

Comme soufreuse à grand travail, il y a la soufreuse Torpille Vermorel, pesant environ 5 kilogs et contenant une dizaine de kilogs de soufre, il existe aussi la soufreuse torpille petit modèle, employée dans les exploitations où les travaux de soufrage sont exécutés par des femmes, qui avec cet appareil font 5 à 6 fois plus de travail qu'avec le soufflet, tout en exécutant beaucoup mieux, elle contient environ 5 kilogs de soufre.

Soufreuses à traction animale Vermorel, cette soufreuse est destinée aux grands vignobles, elle permet de soufrer rapidement.

Un seul homme sufit pour conduire et produire un soufrage parfait, le soufre et les poudres employés tombent en nappe fine, bien divisée, dont on fait varier l'épaisseur à volonté, et sont aussitôt projetés dans les lances par un puissant courant d'air. Le fonctionnement normal de tous les organes rend la traction extrêmement douce, sans secousse, le cheval ne fatigue pas, on peut soufrer plusieurs hectares par jour sans être surmené. Les résultats obtenus avec cette soufreuse sont satisfaisants.

POURRIDIÉ

Le Pourridié est une maladie très ancienne, connue des horticulteurs ; il attaque la vigne et les arbres fruitiers, les pommiers et les poiriers principalement ; elle est due à un champignon, le Dématophora nécatrix.

Le Pourridié est une maladie qui s'attaque aux racines ; elle peut être déterminée par plusieurs champignons ; au début les racines sont couvertes de filaments cotonneux blancs ; ce blanc finit par noircir et pourrir.

Le mycélium du Decatophora nécatris émet des filaments très fins, qui se forment sur d'autres racines voisines ; la propagation de la maladie se fait par taches.

Le pourridié se manifeste surtout dans les terrains fort humides ; il se développe rapidement dans les terres argileuses où l'eau séjourne.

La cause principale du pourridié est que lorsque il est fait une plantation de vigne, on commence par supprimer les arbres qui existaient autour du champ pour donner de l'air à la nouvelle plantation. Ces racines d'arbres abattus qui vont très loin dans le champ, restent, et il se forme dessus des champignons, qui se communiquent ensuite aux racines de vignes.

Le Pourridié existe beaucoup lorsque l'on veut faire une plantation dans un terrain qui a servi de pépinière à plants greffés ; dans ce terrain il y reste beaucoup de racines, et même souvent des pieds de porte-greffes, qui forment des champignons et se développent ensuite à la vigne.

Il n'y a aucun traitement à faire ; aussitôt les ceps atteints il faut les arracher, autant que possible, avant qu'elles soient mortes ; on brûle les racines sur place et on débarrasse bien la terre de toutes les racines.

Le Pourridié peut se former aussi par l'humidité ; dans ce cas il suffit d'opérer quelques drainages.

Pourridié de Champagne ou Morille [1]

Cette maladie est ordinairement dénommée Morille oü Moisi. Ce genre de pourridié est occasionné par un champignon, le Vibrissea hypogœa.

Les ceps atteints par ce parasite végètent encore la première année, mais avec un ralentissement notable. Dès la seconde année les bourgeons à fruits se flétrissent à la fleur ou aussitôt après la fécondation. A la troisième année la végétation dénote une misère extrême, et le plus souvent le cep meurt.

Si l'on découvre les parties souterraines d'un cep atteint de Morille, on trouve d'ordinaire immédiatement au-dessous de la ligne qui sépare les deux systèmes aériens et souterrains et que, dans

---

[1] D'après M. Weinmann.

ce cas particulier, les vignerons appellent improprement le collet, des faisceaux de radicelles fortes, courtes et nombreuses ; plus bas les radicelles font absolument défaut, les petites racines sont sèches et dures. Quand l'invasion est de date récente, la souche dans une étendue de 30 centimètres offre ses couches corticales fendillées et couvertes d'un mycelium blanc. A une période plus avancée de la maladie, la souche est noire, l'écorce est réduite à une sorte de pulvérulence noire.

La morille donne aux vignes qui sont atteintes de cette maladie, un aspect assez semblable à celui qui succède aux atteintes du phylloxéra. Comme l'insecte, le champignon marche en cercle, comme lui il a besoin de plusieurs périodes de végétations pour accuser et trahir son action dévastatrice ; il est aisé cependant de ne pas confondre les deux fléaux ; il suffit pour cela d'examiner les parties souterraines. Jamais les vignes atteintes de morille ne présentent les renflements et nodosités produites par le rostre du phylloxéra ; les radicelles, d'ailleurs, sont détruites ou ne se développent pas dans les vignes morillées ; et outre les lésions indiquées, tout l'appareil envahi exhale manifestement une odeur de champignon, de moisi.

L'humidité étant la condition première de son apparition, il convient donc de recommander aux viticulteurs comme moyens préventifs :

1° L'assainissement par les drainages ;

2° Le sulfatage des échalas tous les deux ou trois ans ;

3° Faire la plantation du vignoble avec des plants qui ne sont pas eux-mêmes atteints, car il est nécessaire pour les pépiniéristes de changer de terrains tous les deux ou trois ans, pour éviter que le pourridié se mette dans les jeunes plants, mais malheureusement il n'en est pas ainsi, les terrains servent de pépinières pendant un certain nombre d'années même, et il arrive que les plants ont le pourridié.

POURRITURE NOBLE
ET POURRITURE GRISE

La pourriture noble est ainsi nommée parce que ce champignon s'attaque à certains cépages à raisins blancs ayant la peau épaisse comme les sémillons et les sauvignons de la Gironde, au moment de leur maturité ; la peau s'amincit et devient perméable à l'eau que contient le grain, celui-ci diminue de volume, le moût devient plus concentré et par suite s'enrichit en sucre, tout en diminuant d'acidité. Le champignon possède réellement une influence utile produisant des effets bienfaisants que les vignerons de Sauternes, des bords du Rhin, de Château-Yquem et de Vouvray, etc., considèrent comme très favorable au développement du bouquet du vin et forme des vins fins d'une qualité extraordinaire ; de là le nom de pourriture noble, qui n'est profitable que dans ces conditions toutes spéciales.

Il n'en est pas ainsi malheureusement de la pourriture grise qui est une maladie néfaste sous le rapport qu'elle enlève la qualité du vin ainsi que la quantité, et même nous l'avons vu anéantir très rapidement la récolte entière, lorsqu'au moment de la vendange le temps est pluvieux, ce qui favorise son développement.

La pourriture grise est due à un champignon, le Botrytis cinerea, qui attaque le raisin sous l'action de l'humidité ; il attaque tous les organes verts de la vigne, feuilles, rameaux, grappes, les recouvre de taches grisâtres et compromet leur bonne maturité et parfois produit la coulure.

C'est surtout à la maturité que le Botrytis a sa plus grande influence fâcheuse, il fonce le grain qui devient mou et éclate et, comme conséquence perd beaucoup de sucre et ensuite se décompose. Souvent, d'après les études des savants, le champignon secrète une oxydase qui occasionne la casse des vins.

Tous les cépages n'ont pas la même sensibilité à la pourriture grise ; il y en a qui s'en tirent généralement bien, et d'autres qui sont attaqués plus ou moins tous les ans.

D'après M. Guillon : tout grain blessé sur lequel viennent à tomber quelques spores vivantes de Botrytis, est fatalement appelé à pourrir au bout d'un temps variable de 36 heures à 3 jours après l'infection, si l'humidité de l'air est suffisante.

Lorsque le Botrytis se développe normalement au contact d'un grain sain, il arrive constamment à travers l'obstacle constitué par la pellicule à contaminer le grain.

Dans la pratique, l'infection de proche en proche ne peut se faire que pour les grains en contact ; elle est à peu près impossible en raison de l'agitation de l'air à une certaine distance ; c'est pour ces raisons que la pourriture gagne rapidement dans les grappes serrées comme la folle Blanche. Elle s'étend peu sur ceux à grains espacés comme le Colombard, ou quand elle apparait, elle est souvent limitée à des grains isolés.

Certaines maladies comme la Cochylis, en attaquant les raisins, causent la pourriture; dans les vignes qui n'ont reçu que des engrais azotés, il y a une grande végétation qui entretient l'humidité ce qui a une tendance à produire la pourriture grise, en employant les engrais azotés et phosphatés, cela n'a pas le même inconvénient.

Pour la pourriture grise, nous ne conseillons aucun traitement, c'est à chaque viticulteur de voir la cause de la pourriture grise et de faire ce qui sera dans ses moyens pour l'éviter.

Pour les cépages à vins fins sujets à cette maladie, si elle devient persistante on peut employer les poudrages.

M. Guillou recommande comme poudre le mélange suivant :

Chaux hydraulique.......... 1 kilo
Ciment...................... 1 —

M. Roy-Chevrier emploie le mélange suivant :

Soufre sublimé.............. 50 kilos
Sulfate d'alumine........... 10 —
Ciment...................... 20 —
Chaux hydraulique.......... 10 —

M. Zacharewicz, professeur départemental de Vaucluse, préconise le traitement suivant:

Sulfate de cuivre .... 1 kil. 500
Poudre de savon............. 1 kil. 500
Eau........................ 100 litres

ROT AMER

Le Rot Amer est une maladie qui fait des ravages assez importants en Amérique, elle est cependant moins terrible que le Black-rot.

Le Rot Amer n'a pas encore été observé en France.

Cette maladie se développe habituellement entre la véraison et la maturité, par l'humidité elle devient plus intense, les grains sont couverts de taches noirâtres et ensuite ils se dessèchent; les grains attaqués prennent un goût amer. Les sels de cuivre sont employés à sa destruction.

ROT BLANC

Le Rot blanc ou Rot livide est une maladie cryptogamique des grappes et des grains de raisins, qui fut observée en France en 1885 et quelques années après elle causa des ravages assez importants dans le midi.

Elle est causée par un champignon le coniothyrium diplodiella; les grains blessés par la grêle ou les insectes sont plus sujets à cette maladie.

Les organes reproducteurs du Rot Blanc sont les spores renfermés dans les pustules qui paraissent sur les raisins.

Ce parasite forme d'abord sur les grains des taches livides qui s'accroissent rapidement et les envahissent.

Les grains s'amollissent, se rident et se dessèchent en se déprimant et prennent une couleur grise ou blanchâtre.

Ils se couvrent de petites pustules couleur fauve, qui forment les fructifications du parasite, les grains peuvent être envahis jusqu'à leur maturité, amenant le dessèchement complet de la grappe, souvent la grappe se détache, tombe sur le sol et pourrit.

TRAITEMENT. — Les sels de cuivre sont tout indiqués pour combattre le Rot Blanc, ils ont donné de bons résultats, ils constituent du reste le seul moyen pratique qui est employé dans toutes les régions viticoles. Les traitements sont donc les mêmes que ceux employés pour le mildiou et le Black-rot. Il est donc de toute nécessité de faire ces traitements dans de bonnes conditions, car ils ont plusieurs buts.

Chapitre Septième

PHANÉROGAMES PARASITES

Les Phanérogames sont des plantes parasites qui se reproduisent au moyen de véritables fleurs ; nous citerons dans ce groupe la cuscute et l'osyris.

CUSCUTE

La cuscute commence par envahir les rameaux, puis les fruits, en les englobant de tiges filamenteuses ; elle implante ses suçoirs dans les organes de la vigne desquels elle se nourrit et forme autour d'eux des touffes qui atteignent souvent un grand développement. Les tiges de la cuscute sont rougeâtres et portent des glomérules de petites fleurs d'un blanc rosé, jaunes ou violettes.

Ce parasite ne se rencontre que très peu, on le voit dans les vignes mal cultivées, pour s'en débarrasser, il suffit de les arracher et de les brûler, et il disparaît définitivement.

OSYRIS ALBA

M. Planchon nous en donne la description suivante : C'est un tout petit arbrisseau à l'apparence de genêt non épineux, dont les fleurs mâles, d'un jaune un peu verdâtre, exhalent au printemps une délicieuse odeur de miel, tandis que les pieds femelles, à fleurs verdâtres et moins nombreuses, donnent naissance en automne à de petites baies rouges.

De bons labours suffiront pour détruire ces plantes qui atteignent les racines de la vigne.

QUATRIEME PARTIE

LES MALADIES DE LA VIGNE

Parasites Animaux

ACARIENS	}	Erinose Maladie rouge
COLÉOPTÈRES	}	Altise Attelabe Cneorhinus Euchlore Gribouri Hanneton Lethrus Cephalotes Mange Mallols Otiorhynques Peritelus Griseus Rhizotrogue
DIPTÈRES	}	Cecidomye
HÉMIPTÈRES	}	Phylloxéra Cochenille de la vigne Cœpophagus Echinopus Phthiriose de la vigne Grisette Cicadelle
HYMÉNOPTÈRES	}	Guêpes et Frelons
LEPIDOPTÈRES	}	Pyrale Cochylis Eudemis Sphinx Ampélophage
MOLLUSQUES	}	Escargots et Limaces
ORTHOPTÈRES	}	Sauterelles de la vigne

QUATRIÈME PARTIE

PARASITES ANIMAUX

Chapitre premier

Acariens

Les Acariens sont de la classe des Arachnides, insectes presque invisibles à l'œil nu, vivant sur les plantes et dans les bosselures des feuilles de vigne, possédant des larves allongées à quatre pattes.

Les maladies produites par les Acariens sont : L'Erinose et la Maladie Rouge.

L'ERINOSE

L'Erinose est une maladie causée par un Acarien de taille microscopique, le Phytoptus vitis. Ce sont les feuilles qui sont attaquées à la face supérieure, en dessous elles forment des difformités, la feuille est garnie de parties feutrées qui sont blanchâtres dans le début et qui deviennent grisâtres, c'est dans ce feutrage que vit l'insecte, à l'automne les larves se réfugient sous les écorces.

Cette maladie se présente un peu comme le mildiou, mais elle boursouffle la feuille, ce que ne fait pas le mildiou.

L'Erinose s'attaquant aux feuilles, il en résulte un affaiblissement de la plante; lorsque les dégâts gagnent les fleurs, le mal est plus grand, car il contribue à la coulure ; la maladie quelquefois se porte aux grains, qui se recouvrent de parties feutrées, semblables aux feuilles.

Quand cette maladie est développée énormément, elle a quelque ressemblance avec le court noué, les grappes sont fortement atteintes et ne se développent pas.

L'Erinose n'est pas une maladie dangereuse et on considère les dégâts comme étant presque insignifiants, les jeunes plants ont souvent à souffrir de cette maladie, car ils ne se développent pas.

Les soufrages suffisent pour détruire cette maladie, dans certaines régions nous avons vu des viticulteurs utiliser un mélange de chaux et de soufre qui donne de bons résultats.

MALADIE ROUGE

La Maladie Rouge est également une maladie de la feuille occasionnée par un acarien de la variété du Tetranychus Aclarius.

Elle porte le nom de Maladie Rouge car, les feuilles attaquées, sous l'influence des piqûres de l'insecte, prennent une teinte rouge vive plus ou moins prononcée, seulement les nervures restent vertes ou jaunâtres. Ces lésions affaiblissent considérablement la vigne et influent à retarder la maturité.

Cette maladie est peu importante, car les traitements faits pour l'oïdium nuisent beaucoup à l'extension de ce parasite, et lorsque les traitements seront mis en pratique pour la destruction de la cochylis, elle ne paraîtra plus.

Chapitre Deuxième

Coléoptères

Les coléoptères sont un ordre d'insectes pourvus de quatre ailes, dont les deux supérieures, nommées élytres, sont épaisses, dures, coriaces, ne peuvent servir au vol, et forment une enveloppe pour les deux ailes inférieures qui sont membraneuses et transparentes. Ce sont des insectes munis de machoires.

Les maladies produites par les Coléoptères sont : l'Altise, l'Asselabe, Cnéorhinus, Euchlore, Gribouri, Hanneton, Lethrus cephalotes, Mangemallols, Othiorhynques, Peritelus griseus, Rhizotrogue.

ALTISE

L'altise ou Barbot, est un petit insecte couleur bleu d'acier et noir en dessous, il a une longueur de $0^m/^m4$ à $0^m/^m5$ et une largeur de $0^m/^m3$, son corps est luisant, ovale, la tête est très petite, ses yeux sont noirs, il saute très facilement. Cet insecte mange les feuilles de vigne, en produisant des trous, et les jeunes bourgeons. Sa larve est d'abord jaunâtre, puis brune, puis noire, elle ronge le dessous des feuilles, en ménageant l'épiderme supérieur qui lui sert d'abri. Lorsqu'elle a atteint son complet développement, cette larve va s'enfouir dans le sol pour s'y transformer en nymphe, puis en insecte parfait. Quelquefois les larves opèrent leur métamorphose à l'air, dans ce cas elles sont noires.

L'évolution complète depuis la ponte jusqu'à la génération d'un insecte parfait, dure environ de 30 à 45 jours, suivant la température et les régions, il peut se produire normalement quatre générations par an en France et huit à dix en Algérie.

Si l'on considère qu'une femelle pond environ vingt œufs, et que tous se développent, la production annuelle d'une seule serait de 16.000.

L'insecte est très vigoureux, parfaitement organisé pour sauter, il est également pourvu d'ailes, et il se déplace à de grandes distances pour trouver sa nourriture.

Les insectes parfaits passent l'hiver sous les herbes sèches, au pied des souches, sous les écorces et dans les fissures des échalas. Ils montent en avril sur les sarments, dont ils rongent les feuilles ; l'accouplement a lieu et la femelle pond un vingtaine d'œufs. Au bout de 8 à 10 jours ces œufs se transforment en chenilles.

L'altise fait surtout des ravages en Algérie et Tunisie. Il est en si grand nombre, qu'il fait des dégâts considérables. Il a fait, certaines années, plusieurs millions de pertes aux vignobles algériens, il arrive à dévaster complètement les feuilles des vignes, naturellement cela influe sur la maturité du raisin et compromet l'aoûtement des sarments. C'est le plus grand fléau que l'Algérie ait eu à supporter après le phylloxéra, surtout en songeant à sa multiplication.

Moyens de destruction

Heureusement que l'altise a un ennemi naturel, un hémiptère de la famille des Pentatomides, le Zicronia cœrulea, qui s'empare de l'altise avec ses pattes, soit à l'état de larve ou d'insecte, lui suce le sang. Les poulets les prennent adroitement.

Jusqu'à ce jour il a été employé bien des méthodes, mais aucune n'a atteint la perfection pour la destruction de l'altise.

Le ramassage est l'un des plus efficace, lorsqu'il est fait au début de la végétation ; lorsque l'insecte sort de sa retraite et se met à manger les feuilles, on opère, le matin surtout, lorsqu'il est engourdi ; il suffit de remuer les sarments pour les faire tomber dans un entonnoir spécial.

On peut disposer aussi de petits bouchons de paille à l'automne, que l'on dispose dans l'intérieur des ceps, dans lesquels viennent se refugier les insectes pour hiverner. Après l'hiver, en février, on ramasse ces bouchons de paille, puis on les détruit par le feu. Pour que les insectes se réfugient tous dans ces bouchons de paille, il est nécessaire que la vigne soit propre, et ne possède aucune herbe, pouvant faire un abri.

De cette façon on peut arriver à détruire l'insecte dans une proportion de 80 à 90 %.

Le ramassage des pontes est impossible, car il faudrait trop de temps.

Pour la destruction des larves et des insectes parfaits, on peut employer les traitements combinés, en ajoutant à la bouillie bordelaise ou à la bouillie bourguignonne, de l'aloès ou de l'acide arsenieux.

On détruit aussi les altises en pulvérisant les souches avec 100 grammes d'arsénite de cuivre dissout dans un hectolitre d'eau.

On peut employer l'émulsion Hubbard-Riley.

Savon dur.................... 500 gr.
Pétrole...................... 10 litres
Eau bouillante 5   —

On dissout d'abord le savon dans l'eau chaude, dans lequel on ajoute le pétrole en brassant fortement ; il faut que les liquides soient très chauds pour réussir le mélange, et il faut employer de l'eau de pluie de préférence.

Les poudrages faits à base de chaux vive, de plâtre, de poudre de pyrèthre, chassent l'insecte et ne le détruisent pas.

En Algérie on a employé le mélange suivant, qui a donné d'assez bons résultats.

Chaux en poudre .... 66 gr.
Soufre en poudre .... 19 —
Sulfate de fer pulvérisé .... 10 —
Acide phénique............ .. 5 —

Formule de M. Zacharewicz, professeur départamental du Vaucluse.

Chaux en poudre............ 74 kilos
Soufre...................... 24 —
Poudre de pyrèthre.......... 2   —

Ces différentes poudres s'emploient au moyen d'un soufflet.

Formule de M. Paul Reig.

Jus de tabac................ 1 litre 1/2
Eau........................ 100 litres

Cette formule a donné de bons résultats.

M. Degrully recommande la formule suivante :

    Pyrèthre...................... 1 kilo
    Ammoniaque................ 1/2 litre
    Eau......................... 100 litres

Formule de M. Albert Magen.

    Pyrèthre...................... 5 parties
    (en infusion dans) Eau chaude. 1000 parties

Cette infusion doit être employée chaude.

Formule de M. Numa Naugé.

    Jus de tabac................ 2 litres
    Cristaux de soude........... 1 kilo
    Alcool dénaturé............. 1 litre
    Eau......................... 100 litres

Nous recommandons de bonnes pulvérisations abondantes sur les bourgeons et sur les feuilles également ; il faut en renversant le jet pulvériser le dessous des feuilles.

TRAITEMENTS ARSENICAUX

L'altise n'est pas atteinte directement par les sels arsenicaux, mais elle meure en mangeant les feuilles traitées. Ces traitements ne sont pas sans défauts, ils offrent l'inconvénient du danger qu'il y a pour les hommes faisant ce travail, car c'est un poison violent, ensuite on risque de faire des brûlures sur les feuilles, il est vrai qu'on peut ajouter 250 grammes de chaux vive pour empêcher la brûlure.

Soit la formule suivante :

    Arseniate de soude............ 150 gr.
    Chaux vive.................... 250 gr.
    Eau........................... 100 litres

On peut faire ce traitement quinze à vingt jours
après le débourrement.

M. Cardinal, propriétaire à Saint-Seurin-d'Uzet,
obtient de très bons résultats pour la destruction
des altises en employant la formule suivante :

Jus de tabac.................. 1 litre
Acide arsenieux.............. 50 gr.
Chaux hydratée en poudre..... 2 kilos
Eau......................... 100 litres

Nous reproduisons un article de M. Degrully,
du Progrès Agricole et Viticole, préconisant
l'arséniate de plomb.

Dans l'avenir, l'arséniate de plomb est peut-
être appelé à détrôner les autres composés arsenicaux. C'est au moins l'avis qu'exprime M. le
Docteur Trabut, à la suite d'essais effectués en
Algérie.

Les Américains, écrit M. le Docteur Trabut,
emploient beaucoup depuis quelques années, l'arséniate de plomb, ce produit s'obtient par double décomposition.

On fait une solution de :

Arseniate de soude........... 300 gr.
Eau......................... 20 litres

On fait à part une autre solution avec :

Sous-acétate de plomb........ 500 gr.
Eau chaude................ 30 litres

On mélange ces deux solutions, il se forme un
précipité blanc très léger auquel on ajoute :

Glucose..................... 1 kilo

fondu au préalable dans 10 litres d'eau ; on complète ensuite à 100 litres avec de l'eau.

Les premiers essais faits à Alger ont été favorables par l'arséniate de plomb.

M. le docteur Danysz de l'Institut Pasteur, préconise l'emploi du chlorure de Baryum dans les traitements contre les insectes. Ce produit est employé depuis quelques années sur les vignes, il a l'avantage d'être manipulé sans danger.

Il est extrêmement efficace contre les chenilles et les coléoptères, même en solution étendue.

On pourra opérer avec la formule suivante :

Chlorure de Baryum..........	200 gr.
Eau	10 litres
Résine jaune......	10 gr.
Alcool dénaturé.............	60 gr.

ATTELABE

L'attelabe ou Rhynchites, est connu depuis fort longtemps ; nous le trouvons décrit dans des livres très vieux, il est vert brillant ou bleu vert doré sur le rostre, faisant 0^m007 à 0^m008 de long. De même que beaucoup d'autres coléoptères. cet insecte ne s'attaque pas exclusivement à la vigne, mais encore aux tilleuls, aux pommiers, aux peupliers, aux bouleaux ; il n'occasionne pas de graves dégâts mais il arrête néanmoins la végétation normale.

L'Attelabe. après avoir passé l'hiver dans le sol au pied des arbres ou des vignes, ou sous les écorces du cep, se montre dans la première quinzaine de mai.

La femelle dépose ses œufs sur les feuilles qu'elle roule en forme de cigare ; les feuilles sont roulées en 4 ou 5 tours, et dans chaque tour se trouvent des œufs que la femelle a introduits ;

une douzaine de jours après, l'éclosion s'opère et les larves se nourrissent des tissus de la feuille roulée qui leur sert d'abri, puis au bout de 4 à 5 semaines, elles sortent et se réfugient en terre pour s'y transformer en nymphes, longues de 6 à 7 millimètres. Quatre semaines après, l'insecte parfait est éclos, mais il reste en terre jusqu'au printemps.

L'Attelabe cause peu de dégâts jusqu'à la ponte, ce sont les femelles qui font des ravages considérables en roulant ainsi les feuilles, cela nuit à la vigne et la végétation s'arrête, la récolte est compromise.

L'Attelabe fait des dégâts surtout dans le midi, mais ils sont peu importants, il attaque de préférence les Gamays.

Le seul moyen de destruction à employer est de ramasser les cigares, aussitôt après leur formation, dans les premiers jours de juin, puis on les brûle pour ne laisser aucune ponte. Ce moyen n'empêche pas le mal de se produire dans l'année courante mais il permet d'amoindrir les dégâts de l'année suivante car, en détruisant les œufs, on détruit la reproduction entière.

On peut faire la même opération que pour l'Altise en lui faisant la chasse le matin de 6 heures à 9 heures, avec un entonnoir placé sous le cep car au moindre toucher des sarments l'attelable se laisse tomber à terre.

Les animaux de basse-cour sont très friands de ces insectes.

EUCHLORE

L'Euchlore est une sorte de hanneton, d'une longueur de 15 à 18 millimètres, que l'on désigne sous le nom vulgaire de hanneton vert de la vigne.

L'insecte paraît à la fin de juin sortant de terre, il ronge avec une grande rapacité les pampres de la vigne, son activité commence au coucher du soleil, il est crépusculaire.

L'accouplement a lieu dans le courant de juillet et l'insecte disparaît, les femelles s'enfoncent dans le sable pour y déposer leurs œufs dont l'éclosion a lieu 30 à 40 jours après.

Des dégàts nous ont été signalés assez importants dans le midi, et surtout en Espagne, en Italie et en Algérie.

GRIBOURI

Le Gribouri ou Ecrivain est un insecte d'une longueur de 5 à 6 millimètres, d'un noir mat; il apparaît vers le mois de Juin sur la vigne dont il ronge les feuilles avec rapacité, il pratique des trous d'un millimètre ou deux de large et de deux à trois centimètres de long, qui donnent l'aspect de lettres comme V. Y., d'où le nom d'Ecrivain donné à cet insecte. Ces lésions sont généralement peu importantes. Mais, quand arrive Juillet ses dégàts sont plus appréciables, car il trace sur les grains de raisin des entailles assez profondes et les grains attaqués se dessèchent.

Au moindre bruit, l'insecte se replie et tombe à terre en contrefaisant le mort.

Comme nous le disons plus haut, l'insecte paraît en Juin, l'accouplement se fait ordinairement sur les sarments à la fin de Juin et la ponte au pied des ceps, sous les écorces.

Les œufs sont jaunes, ils éclosent environ dans douze à quinze jours pour donner naissance aux larves, qui hivernent sur les racines qu'elles rongent.

Au printemps, elles filent un cocon dans lequel elles se transforment en nymphes et une quinzaine de jours après, ces nymphes reviennent en insectes parfaits.

Le Gribouri a fait surtout des ravages en Bourgogne et en Champagne, c'est dans cette région, qu'il a été le mieux étudié.

Comme moyen de destruction on peut employer un entonnoir placé au-dessous des souches ; en secouant légèrement les sarments, tous les insectes tombent en faisant le mort.

Pour détruire les larves, on peut faire des injections dans la terre avec le sulfure de carbone, on peut employer 200 à 300 kilogrammes par hectare.

Le Chimiste Thénard a imaginé de combattre le parasite avec les tourteaux de crucifères soit avec la moutarde, le navet, etc., qui donnent une odeur vive.

Ces tourteaux sont employés en Février et en Mars, en les semant à la volée avant les labours, ils agissent comme engrais et comme insecticide.

Les volailles sont très friandes de cet insecte, le moyen le plus pratique pour détruire ce parasite, c'est d'emmener un groupe de poules, d'oies ou de canards dans la vigne ; le passage d'une personne frolant les sarments suffit pour faire tomber l'insecte, qui se trouve dévoré par les volailles.

HANNETON

Le Hanneton, ou Turc, ou Ver Blanc n'est pas un parasite spécial à la vigne, il cause malgré cela des dégâts assez considérables à l'état de larve.

Ce sont surtout les jeunes plantations qui ont à souffrir des vers blancs, ainsi que les pépinières.

L'insecte parfait paraît en avril, mai, aussitôt les belles journées venues, l'accouplement s'opère, ensuite la femelle s'enfonce en terre pour y déposer ses œufs au nombre de 70 à 90 environ, en deux ou trois endroits différents.

Ces œufs éclosent au bout de cinq à six semaines pour donner naissance aux larves, qui resteront deux ans en terre avant de revenir en insectes.

En hiver et au printemps les vers blancs sont engourdis et sont profondément dans la terre ; ce n'est qu'aux premières chaleurs qu'ils remontent dans les parties supérieures du sol, où ils rongent toutes les racines qu'ils trouvent, mais principalement les jeunes radicelles de la vigne, les racines de fraisiers et de salades diverses.

Il y a quelques années les dégâts ont été considérables, des plantations énormes de jeunes vignes ont été détruites par les larves.

Lorsque l'on se trouve à faire une plantation, l'année où les vers blancs peuvent opérer leurs ravages, il faut se garder de mettre des terreaux au pied du cep, car cela attire le ver, qui mange la racine de la vigne ensuite. Lorsque la vigne atteint sa troisième année, les ravages sont insignifiants.

Le meilleur moyen de destruction des hannetons est le ramassage à la main ou hannetonnage. Heureusement, il en existe beaucoup moins qu'il y a une dizaine d'années, où cet insecte était un véritable fléau pour la viticulture et l'agriculture.

Pour la destruction des vers blancs il n'y a aucun moyen possible pouvant donner un résultat appréciable.

LETHRUS CEPHALOTES

Le Lethrus cephalotes où lethre à grosse tête est un insecte scarabeide, ayant le corps rugueux ; il est noir bronzé. Il paraît en avril et mai, il s'accouple et creuse un trou en terre ; la femelle dépose ses œufs qui se forment en larves, le mâle coupe les bourgeons pour les porter dans son nid, les larves atteignent leur développement en août ; elles construisent ensuite un cocon où elles se transforment en nymphes, et ces nymphes redeviennent des insectes, qui sortent de terre au printemps suivant.

Les dégâts sont insignifiants en France mais très importants en Autriche et en Hongrie ; on emploie le sulfure de carbone pour les détruire lorsqu'ils s'accouplent et qu'ils font leurs trous en forme de galeries, qui peuvent atteindre près d'un mètre de longueur ; c'est donc dans ces galeries qu'on y injecte le sulfure de carbone.

MANGE MALLOLS

Le Mange Mallols où Vespère de Xatart à été trouvé pour la première fois à l'état de femelle en 1813, par M. Léon Dufour, à Valence, Espagne ; il a été reconnu ensuite dans les Pyrenées Orientales.

Les mâles et les femelles de ce coléoptère sont très différents l'un de l'autre ; la femelle est beaucoup plus grosse que le mâle, elle fait trois centimètres de longueur, tandis que le mâle ne fait que deux centimètres.

Les femelles pondent en Janvier de 300 à 500 œufs par plaque, les larves éclosent trois mois à trois mois et demi après, elles s'enfoncent dans le sol où elles vivent trois ans, elles se nourrissent de racines, elles sont inactives pendant les chaleurs, mais elles font des dégâts au printemps dans les jeunes vignes d'un an et de deux ans.

Ensuite les larves se transforment en nymphes pendant l'été, de nymphes en insectes parfaits à la fin de l'été, en Algérie et en Novembre ou Décembre pour le midi.

Les larves de cet insecte sont redoutables pour l'Espagne. En France, elles ont produit des dégâts énormes surtout dans les régions de Banyuls-sur-Mer et Port-Vendres, on nous a communiqué que 50 à 60 hectares de vignes étaient détruits annuellement par les larves du Vespère de Xapart.

L'insecte parfait est nocturne, on peut donc en faire le ramassage au moyen de lanternes en Décembre et Janvier.

On peut attirer les larves en mettant des légumes dans la vigne, lorsque l'on aperçoit qu'ils sont atteints, on les arrache et on trouve la larve, que l'on détruit. Comme légume on y met principalement des salades, ce moyen est très efficace.

Il y a aussi le sulfure de carbone liquide, mais ce traitement est très onéreux.

D'après M. Weinmann, chimiste œnologue à Epernay, on obtiendrait une efficacité plus complète et un résultat plus certain avec une dépense bien moindre en opérant au printemps, au moment où les larves remontent des profondeurs du sol dans la couche moins profonde où se trouvent les racines de la vigne. Pour cela on devra se servir du Pal. Parant qui injecte de l'air saturé de vapeurs de sulfure de carbone.

OTIORHYNQUES

Les Otiorhynques appartiennent à la famille des curculionides et contrairement à la plupart des insectes ils portent leurs ravages dans l'est et le nord, on les appelle vulgairement gros écrivain ou coupe-bourgeons.

Dans cette famille nous trouvons l'Otiorhyncus sulcatus qui a environ 10 à 12 millimètres de longueur, corps noir; sa larve fait des dégâts en Bourgogne et en Champagne.

L'Otiorhyncus picipes a 7 à 8 millimètres de long ét cause les mêmes dégâts que les précédents.

L'Otiorhyncus asphaltinus fait ses ravages en Autriche-Hongrie et en Russie.

Ces insectes se nourrissent de bourgeons et les larves des racines.

Les insectes sont nocturnes, on peut les ramasser avec une lanterne où ils viennent se brûler, on peut aussi se servir de sulfure de carbone pour détruire les larves.

PERITELUS GRISEUS

Le Peritelus griseus, ou grisette des bourgeons est un insecte de 4 à 7 millimètres de longueur, il ne faut pas le confondre avec la grisette de la vigne, qui est un Hémiptère.

Cet insecte est gris foncé, il se nourrit de bourgeons, il fait quelques ravages dans le midi, dans l'Espagne et en Algérie. Les larves se plaisent surtout dans les terrains sablonneux où le mal est très prononcé ; le nombre d'insectes se trouve considérable ; ils se mettent plusieurs au même bourgeon, qui ne tarde pas à flétrir.

Ils font leurs dégâts la nuit, et le jour ils se cachent dans le sol, ce qui rend leur capture difficile, on ne peut donc employer que le sulfure de carbone pour les détruire.

RHIZOTROGUE ou HANNETON DE TERRE

Cet hanneton est de plus petite taille que le hanneton ordinaire, il produit en Italie des dégâts assez importants, il est nocturne, on peut le ramasser avec des lanternes, la lumière l'attire et il se brûle.

La larve demeure dans le sol pendant le jour, mais elle en sort la nuit pour dévorer les jeunes bourgeons.

On considère qu'une seule larve peut détruire 5 à 6 ceps.

Chapitre Troisième

Diptères

Les Diptères sont des insectes qui n'ont que deux ailes ; ils ne fournissent pas d'autre parasite de la vigne que la Cecidomye.

CECIDOMYE

La Cecidomye ou mouche des vignes a une longueur de 1 millimètre 1/2 à 2 millimètres, la larve est aveugle, d'une couleur rosée et a une longueur de 2 millimètres, elle est composée de neuf segments.

L'insecte paraît en juin, il s'attaque à tous les organes verts de la vigne, fleurs, tiges, feuilles puis aux fruits ; il fait sur les feuilles des petites boursouflures qui ont une consistance dure, la femelle dépose ses œufs sur ces piqûres. Ordinairement il se produit plusieurs générations dans l'année, on rencontre ces insectes dans les vignes de plaine. Les dégâts sont presque insignifiants.

Chapitre Quatrième

HÉMIPTÈRES

Les Hémiptères sont un ordre d'insectes ayant quatre ailes membraneuses et transparentes à l'état parfait, et munis d'un rostre ou suçoir, sorte de bec aigu, disposé pour dévorer les racines, produisant des nodosités sur celles-ci et sur les feuilles des galles.

Les maladies produites par les Hémiptères sont le Phylloxéra, la cochenille de la vigne, Cœpophagus échinopus, Phtiriose de la vigne, Grisette, Cicadelles.

PHYLLOXÉRA

Tout le monde connait les pertes énormes que le phylloxéra a fait subir à la Viticulture française. Comme ce sujet est connu de tous les viticulteurs, nous le passerons un peu brièvement, pour nous arrêter plus spécialement sur certaines maladies, plus d'actualité, nous voulons citer la Cochylis et l'Eudémis.

La viticulture française a eu bien près de deux millions d'hectares, situés dans cinquante-cinq départements, atteints par le phylloxéra et qu'il a fallu reconstituer.

Pour se faire une idée de l'importance du désastre causé par ce puceron, si nous nous basons sur la somme de 2.500 francs, comme excédent de valeur que la vigne donne au sol, nous arriverons au chiffre de cinq milliards.

Jamais l'agriculture, ni la viticulture n'avaient été atteintes dans de si graves proportions que par le phylloxéra.

Aucun remède possible, ni pratique n'a été trouvé, si ce n'est le sulfure de carbone ; mais son emploi est si onéreux, qu'il est préférable de faire le sacrifice d'arracher l'ancienne vigne et de reconstituer avec les porte-greffes américains résistants.

Il y a certains cas où la vigne française résiste, comme par exemple, les plantations dans le sable pur ; sur les bords de l'Atlantique et de la Méditerranée, il existe beaucoup de vignes non greffées indemnes du phylloxéra.

Le même cas se produit pour les vignes submergées de cinq à dix centimètres d'eau pendant au moins une quarantaine de jours. Il est peu de départements viticoles qui n'ont pas conservé quelques hectares dans ces conditions là.

Nous n'insisterons pas sur les traitements du sulfure de carbone, ni du Lysol, nous n'en avons jamais été partisans.

Le phylloxéra s'attaque aux racines et aux feuilles de la vigne, mais sur nos vignes françaises, nous le trouvons principalement sur les racines, nous savons qu'il est armé d'un suçoir qu'il enfonce dans les tissus de la racine pour aspirer le suc qui lui sert de nourriture.

Les personnes ayant l'habitude peuvent le voir à l'œil nu, car il fait presque un millimètre de longueur.

Le phylloxéra se développe de l'œuf d'hiver, ayant hiverné sous les écorces du cep, sa couleur est jaunâtre dans le début, puis il devient brun et vert, il est aptère, c'est-à-dire sans ailes.

Tous les phylloxéras, naissant de l'œuf **d'hiver** sont des femelles qui ont la propriété de multiplier sans l'influence des mâles, et chacune de ces femelles pond chaque jour de dix à quinze œufs, qui à leur tour donnent naissance à des femelles qui reproduisent sans l'intervention des mâles.

Ceci donne une idée, avec quelle rapidité le phylloxéra se multiplie, dans un temps relativement court.

Une partie de ces dernières femelles meurent après la troisième ponte, d'autres subissent une quatrième mue pour se transformer en insectes jaunâtres munis de quatre ailes membraneuses et transparentes.

Ces phylloxéras sont tous femelles et sont ailés, ils portent le fléau plus loin, volant à leur gré ou portés par le vent. Ces femelles ailées reproduisent encore sans l'intervention des mâles, mais elles pondent cette fois des œufs de deux sortes : mâles et femelles.

Après, les phylloxéras s'accouplent, la femelle pond un seul œuf, qui sera l'œuf d'hiver destiné à régénérer l'espèce au printemps suivant.

Sur les parties vertes de la vigne et principalement sur les feuilles, on distingue la piqûre du phylloxéra par la formation de galles qui se développent davantage dans les régions chaudes que dans les régions septentrionales.

COCHENILLE DE LA VIGNE

Les cochenilles vivant sur la vigne sont au nombre de trois espèces :

1º la cochenille blanche.
2º la cochenille rouge.
3º la cochenille grise.

La cochenille blanche. — Le mâle n'a qu'une longueur d'un millimètre, tandis que la femelle fait quatre millimètres.

Elle se nourrit de la sève des feuilles, de la tige, ainsi que des raisins ; on la rencontre dans le Midi et en Gironde.

D'après M. Signoret (essai sur les Cochenilles), cet insecte n'a qu'une génération et M. Mayet lui en donne deux, une de printemps et une d'été.

Non seulement la cochenille blanche suce la sève de la vigne, mais elle est la cause du développement de la fumagine, qui est très nuisible, car elle empêche les raisins de mûrir.

La Cochenille rouge. — Le mâle est de couleur brique avec des taches noirâtres, d'une longueur de 4 à 6 millimètres, il possède deux ailes horizontales, sa tête est aplatie et n'a pas de bec.

La femelle n'a pas d'ailes, elle est aptère, de couleur brique plus foncée que le mâle, elle possède à la bouche un filet qu'elle rentre dans les écorces.

Les larves sont rouges, d'une longueur de $1/3$ de millimètre, elles possèdent un bec recourbé, elles naissent au commencement de l'été, en Mai ou Juin et se nourrissent de sucs qu'elles aspirent avec leur trompe, et hivernent sous les écorces pour se transformer en insectes au printemps suivant.

La Cochenille grise. — Le mâle est ordinairement gris jaunâtre ou brun jaunâtre, ses ailes sont longues, la larve est munie de six pattes et de deux antennes de six articles.

La femelle est brun grisâtre, son rostre est très rustique, quoique étant court, elle a le corps plat.

Elle est très répandue en Algérie, en Espagne et en Italie.

Les Cochenilles hivernant sous les écorces pourront être détruites en pratiquant le même traitement que pour la Cochylis, en opérant le décorticage.

En cas d'invasion et pour les régions où ce parasite est très répandu, il est reconnu que les soufrages opérés pour l'oïdium le tuent complètement.

CŒPOPHAGUS ÉCHINOPUS [1]

MM. Mangin et Viala ont décrit récemment une maladie causée par un acarien, le Cœpophagus echinopus, considéré jusqu'à présent comme détriticole, c'est-à-dire, se nourrissant de matières en décomposition. L'animal s'attaque aux racines de vignes placées dans de mauvaises conditions d'hygiène. Sous l'influence du parasite la racine se gonfle, le parenchyme cordical, bourré d'amidon et hypertrophié, est rongé par le Cœpophagus qui s'y creuse des galeries remplies d'une poussière brunâtre formée par ses excréments.

Les blessures produites par l'animal constituent une porte d'entrée pour la gommose bactérienne et les autres maladies cryptogamiques. Les souches ainsi atteintes prennent un aspect souffreteux ; leurs rameaux s'allongent inégalement, les uns restant courts, les autres atteignant une taille exagérée. Dans la première année de l'invasion, les fruits mûrisent mal, restent rougeàtres ; les grappes se millerandent, c'est-à-dire, portent un grand nombre de grains atrophiés, une ou

____

[1] D'après M. Guéguen.

deux années avant la mort de la vigne, qui arrive d'ordinaire au bout de cinq ans, les fleurs coulent et la récolte est nulle.

On indique comme seul traitement efficace l'emploi du sulfure de carbone en deux traitements de 200 kilogrammes à l'hectare.

PHTHIRIOSE DE LA VIGNE [1]

Cette maladie, nommée aussi maladie de Jaffa, est produite dans les pays très chauds, Tunisie, Palestine, etc., par les piqûres de la cochenille blanche de la vigne.

Dans ces régions chaudes, l'insecte pour se garantir contre les ardeurs du soleil et contre la sécheresse, se tient confiné au collet des ceps de vigne et sur les racines, qu'il pique en leur faisant dégorger des quantités de liquide.

Un champignon le Bornetina Corium se développe dans la portion de la terre rendue humide par le liquide qui s'écoule des piqûres produites par l'insecte.

En quelques années, les racines sont étouffées par le feutrage épais produit par ces champignons et les ceps périssent.

Pour empêcher la phthiriose, il faut détruire les cochenilles, cause première du mal, comme ces insectes vivent là d'une façon souterraine, on peut employer des injections de sulfure de carbone liquide, ou mieux de vapeur de sulfure au moyen du pal. Parant.

On peut aussi détruire les insectes sur les souches, au moyen de badigeonnages au lait de chaux :

Chaux vive . . . . 20 kilogs.
Eau . . . . 120 litres.

---

[1] D'après M. Weinmann, chimiste à Epernay.

GRISETTE DE LA VIGNE

Cet insecte, nommé aussi Lopus sulcatus, est une espèce de punaise noirâtre, caractérisé par de nombreux points blancs jaunâtres ; il fait son apparition en Mai et s'attaque aux fleurs, les grains noircissent et pourrissent.

La femelle pond ses œufs en juin dans les écorces ; ces œufs passent l'hiver sous les écorces et éclosent au printemps.

Les larves restent sur les plantes basses du voisinage, et lorsqu'elles sont devenues adultes elles vont sur la vigne.

Comme traitement, le décorticage et un badigeonnage suffisent à détruire ce parasite.

CICADELLE

Cet insecte fait ses ravages en Algérie, Espagne, Italie ; il a une longueur de 5 millimètres environ ; la larve est rougeâtre, légèrement aplatie.

C'est une sorte de petite cigale, souvent confondue avec d'autres insectes.

Les dégâts sont insignifiants en France, du reste, s'il se développait, il ne résisterait pas à l'action du soufre.

Chapitre Cinquième

HYMÉNOPTÈRES

Les Hyménoptères sont une sorte d'insectes caractérisés par quatre ailes membraneuses et nues, dont les supérieures sont les plus longues, attachées à une partie du corps rétrécie ou globuleuse. Ces insectes sont pourvus de pièces buccales disposées pour mâcher.

Les Hyménoptères nous donnent comme ennemis parasitaires de la vigne les Guêpes et Frelons.

GUÊPES ET FRELONS

Les Guêpes (vespas vulgaris) établissent leurs nids en terre, et les Frelons (vespra crabro) font leurs nids sous les écorces et dans les vieux troncs d'arbres.

Ces insectes bourdonnent continuellement autour des raisins, qu'ils entament pour en dévorer les matières sucrées contenues dans le grain du raisin.

Ils produisent surtout des dégâts dans les serres ; pour les raisins de table, certains cépages précoces à raisins sucrés sont fortement attaqués.

On peut préserver les raisins de table dans des sachets de crin ou de fine mousseline, ou bien en les mettant dans une cloche de verre évasée, ouverte au sommet, et que l'on suspend à la treille.

On se débarrasse de ces insectes en allumant du feu à l'entrée de leur nid, les guêpes qui sortent se brûlent et les autres se trouvent asphyxiées ; cette opération se fait le soir après la rentrée totale des guêpes.

Chapitre Sixième

Lépidoptères

Les Lépidoptères sont des insectes ayant les ailes colorées et recouvertes de petites écailles imbriquées, la trompe s'enroule en forme de spirale au repos.

La larve est munie de mâchoires produisant des dégâts terribles.

Les maladies produites par les Lépidoptères sont : la Pyrale, la Cochylis, l'Eudemis, Sphinx ampélophage.

LA PYRALE

La Pyrale ou (Tortrix pilleriana) a de tout temps sévi sur nos vignobles et nous trouvons la description de cet insecte dans des livres très anciens ; des prières et des processions eurent lieu chaque année pour diminuer le fléau.

Contrairement à ce qui a été dit, la pyrale n'est pas d'origine américaine comme beaucoup d'autres maladies, car nous trouvons des signalements de désastres en France bien avant l'entrée des plants américains, il y eu même des désastres complets enlevant la récolte entière.

Le papillon est d'une longueur d'environ 1 à 2 centimètres d'envergure, le dessous des ailes à reflet jaune, le dessus un peu plus foncé. Les ailes inférieures sont en dessus violacées avec la bordure plus claire.

Les femelles commencent à pondre à la fin de Juillet sur les feuilles de la vigne, au nombre de 60 en moyenne, placées les unes à côté des autres et formant des plaques assez abondantes, d'un blanc verdâtre. Aussitôt écloses, en Août les jeunes chenilles vont se réfugier sous les écorces de la vigne ou dans les fissures des échalas.

Ainsi cachées, elles passent l'hiver sans manger et se filent de petits cocons grisâtres de trois à quatre millimètres de longueur, ce qui leur permet de supporter les plus grands froids de l'hiver.

C'est au moment de la poussée de la vigne, au printemps, dans les premiers jours de Mai, qu'elles sortent de leur sommeil léthargique, abandonnent leurs loges et commencent à manger les jeunes pousses en les enroulant de soie.

Lorsque les feuilles se sont développées et qu'elles ont atteint 1 centimètre à 1 centimètre et demi, les chenilles descendent au milieu des tiges, et lorsqu'elles atteignent deux ou trois centimètres gagnent les grandes feuilles et les grappes, car elles possèdent une très grande agilité à ce moment.

Les chenilles se posent sur les feuilles qui doivent faire leur abri et jettent de part et d'autre des fils de soie englobant une feuille et un raisin. Ces fils sont en très grand nombre et arrêtent la végétation normale de la vigne ; en grandissant, elles construisent d'autres enveloppes semblables avec des fils de soie. Leur voracité est extraordinaire, elles sont affamées, car elles n'ont pas mangé dans la cachette où elles ont hiverné, souvent des sarments sont recouverts entièrement de leurs tissus.

Lorsque les chenilles ont tout leur développement, elles s'attaquent aux raisins, elles les entament et les dévorent.

Les chenilles se construisent une petite coque avec les feuilles de vigne où elles se réfugient le jour pour se transformer au mois de juin en chrysalides brunes, les anneaux sont recouverts d'épines.

Quinze jours après leur formation elles donnent naissance aux papillons et le cycle recommence.

Lorsque les chenilles ont fini leur hivernage les gelées tardives peuvent les détruire.

Le papillon est nocturne, craint la lumière, mais aime la chaleur, il n'a qu'une génération par an.

Nous avons remarqué que les cépages rouges étaient généralement plus atteints que les cépages blancs.

Ce lépidoptère est répandu en France depuis un siècle, il a fait des dégâts énormes dans les meilleures régions viticoles, surtout en Champagne et Bourgogne.

Les chenilles rongent les jeunes feuilles, les jeunes pousses, les fleurs puis les raisins. Lorsqu'elles sont nombreuses le cep est complètement dénudé et il meurt.

Les grandes invasions de la pyrale se sont continuées souvent plusieurs années consécutives.

Nous n'insisterons pas sur les traitements de la Pyrale, car en traitant la Cochylis et l'Eudemis, on la détruit.

A titre documentaire nous allons énumérer les moyens de destruction qui ont été essayés jusqu'à ce jour mais qui n'ont donné aucun résultat appréciable.

Autrefois, on allumait le soir des feux dans les vignes, et les papillons attirés par la lumière venaient se brûler, on a vite remarqué que ce moyen n'était pas efficace car à ce moment les femelles sont alourdies par leurs œufs, et ne peuvent voltiger le soir, seuls les mâles se faisaient brûler.

Comme traitement pendant la végétation, on a répandu au pulvérisateur des substances insecticides, qui n'ont donné que peu de résultats. Comme traitement d'hiver, on a essayé pour badigeonner les souches diverses formules qu'il est inutile d'énumérer, n'ayant pas donné d'assez bons résultats, nous prions donc nos lecteurs de se reporter aux traitements de la Cochylis.

LA COCHYLIS ET L'EUDEMIS

Nous réunissons ces deux maladies ensemble, parce qu'elles ont les mêmes traitements, et en second lieu, parce qu'elles ont une certaine ressemblance dans leurs évolutions.

Nous allons donner une description particulière pour chaque insecte ; leur biologie et leurs mœurs ont beaucoup de points communs, et ils sont pris généralement dans toutes les vignobles l'un pour l'autre ; les dégâts qu'ils produisent étant les mêmes.

Contrairement à la pyrale qui s'attaque aux feuilles, la cochylis et l'eudémis s'attaquent exclusivement aux raisins, soit à la fleur, soit à la véraison, jusqu'à la maturité.

LA COCHYLIS OU TORTRIX AMBIGUELLA

Vers la fin d'avril dans le midi, et vers le quinze mai dans nos régions septentrionales, on peut observer l'apparition de quelques papillons de cochylis qui voltigent dans les vignobles, dès le coucher du soleil, car ces insectes sont nocturnes.

Ces papillons proviennent des chrysalides qui ont hiverné sous les écorces des ceps ou sur les échalas.

Ensuite a lieu l'accouplement: le mâle meurt, la femelle survit, et ne tarde pas à déposer ses œufs au nombre de 30 à 40 sur les fleurs de la vigne.

Au bout d'une quinzaine de jours ces œufs donnent naissance à de petites larves, qui rongent avec rapacité les fleurs non encore épanouies.

Ensuite, au fur et à mesure qu'elles grossissent, elles s'emparent des fleurs voisines en les rattachant avec des fils soyeux, ceci pour se protéger de la lumière et de leurs ennemis naturels.

C'est lorsque la température est humide que la cochylis fait le plus de ravages, car elle détermine la coulure; dans cet état elle ressemble beaucoup à la teigne de la vigne.

Lorsqu'elle est arrivée à son complet développement, la larve cherche une retraite pour opérer sa métamorphose en chrysalide, à l'abri d'un cocon dont elle s'enveloppe.

Au bout d'une quinzaine de jours environ les chrysalides forment de nouveaux papillons, qui ensuite s'accouplent la nuit dans la première quinzaine d'août; le mâle meurt, et la femelle vit une quinzaine de jours pour déposer ses œufs sur les grains de raisins ; les œufs sont impérceptibles à l'œil nu.

Une quinzaine de jours ensuite ces œufs donnent naissance à de nouvelles chenilles, qui vivent sur la grappe. Lorsqu'elles sont parvenues à leur complet développement, la chenille abandonne la grappe pour se chrysalider à nouveau et forme un abri sous les écorces pour y passer l'hiver.

Comme on le voit, la cochylis apparaît dans le courant d'une année sous bien des formes différentes.

Le papillon a ses ailes pliées étant au repos, sa longueur est de 6 à 7 millimètres ; ses ailes étendues il mesure 13 à 15 millimètres d'envergure ; le corps est jaune d'ocre avec des reflets métalliques sur la tête, les ailes supérieures sont jaune clair, traversées par une large bande brune transversale, et les ailes inférieures gris-clair.

La chenille a la tête rouge, est d'un blanc gris et prend une coloration brune rougeâtre. Sa longueur est d'environ 8 à 10 millimètres ; elle possède 12 anneaux et 8 paires de pattes.

Les dégàts causés par la cochylis sont énormes, car elle s'attaque à la fleur et aux grains ; en premier lieu elle provoque la coulure et en second lieu la pourriture grise.

La cochylis a donc deux générations par saison, ce qui la diffère de la pyrale, qui n'en a qu'une, et de l'eudémis qui en a trois.

L'EUDEMIS, Tortrix botrana

L'Eudemis est encore plus terrible que la Cochylis parce qu'elle a trois générations : 1° une sur la fleur ; 2° une sur le verjus et une dernière sur les raisins à la véraison. Les chenilles ont leur complet développement à la maturité, c'est pourquoi elles produisent beaucoup de dégâts à cette époque.

L'Eudemis ressemble beaucoup à la Cochylis, le papillon est un peu plus petit, le corps est plus sombre, nuancé de taches brunes, la larve est de même grosseur et de même longueur, mais beaucoup plus agile, d'une couleur verdâtre.

Le papillon dépose ses œufs à la base des bourgeons à la fin d'Avril, commencement de Mai, ces œufs donnent naissance à des chenilles qui sont très voraces et qui rongent l'intérieur des bourgeons.

La chenille d'été attaque les raisins en verjus et la dernière génération arrive à la véraison, ce qui est favorable à la conservation de l'espèce c'est qu'elle apparaît une huitaine de jours avant la Cochylis, ce qui lui permet d'échapper aux risques des vendanges.

Comme la Cochylis, l'insecte est nocturne et ne voltige que la nuit.

Nous allons énumérer les études qui ont été faites dans de diverses régions sur ces deux lépidoptères durant ces dernières années.

La Société industrielle et agricole d'Angers et l'Union des viticulteurs du Maine-et-Loire, en présence des dégâts causés par ces insectes ont nommé une commission d'études, dont nous donnons plus loin le compte rendu du résultat des expériences faites par M. le Dr Maisonneuve, docteur ès-science, professeur de zoologie à la faculté des sciences ; M. L. Moreau, directeur de la station œnologique du Maine - et - Loire et M. E. Vinet, préparateur à la station œnologique du Maine-et-Loire.

Chenille d'Eudemis
fortement grossie

Papillon de l'Eudemis
fortement grossi

Chrysalide d'Eudemis
fortement grossie

Grappe fleurie attaquée
par chenille de première
génération

Grappe attaquée par chenille
de seconde génération

Cocon d'Eudemis
dans une feuille sèche

Chrysalide de Cochylis
fortement grossie

Papillon de la Cochylis
fortement grossi

Chenille de Cochylis
fortement grossie

Cocons de Cochylis
grandeur naturelle
sous une écorce

Raisin attaqué par chenille
de seconde génération

Grappe en fleur attaquée par
chenille de 1re génération

EUDEMIS ET COCHYLIS

ÉTUDES & EXPÉRIENCES

POUR LA

Destruction de la Cochylis dans le Maine-et-Loire

PAR

M. MAISONNEUVE, L. MOREAU ET E. VINET

Ce n'est pas d'aujourd'hui que la question de la Cochylis préoccupe les viticulteurs angevins. Les vieux vignerons de notre région, dans le cours de leur existence, ont eu, à plusieurs reprises, à souffrir des invasions de la « teigne de la vigne ». Ils n'ont pas été sans remarquer, ne pouvant du reste toujours s'en expliquer la cause, qu'à ces invasions succédaient le plus souvent des périodes de calme. Si quelques viticulteurs avisés ont essayé autrefois de combattre ce redoutable ennemi de nos vignes, il semble bien que le plus grand nombre se soient plutôt résignés à subir un mal qu'ils estimaient ne devoir être que passager. Par ailleurs, au dire de certains propriétaires, la Cochylis semblant affectionner certaines régions pour laisser les autres complètement indemnes, on s'explique pourquoi les efforts, en vue de la détruire, soient restés isolés.

Depuis quelques années, l'invasion s'est généralisée et la Cochylis, ajoutant ses ravages à ceux des autres fléaux de la vigne, on a pu entendre, à plusieurs reprises, au sein de notre Société, les doléances générales des viticulteurs. Depuis trois ans le mal n'a cessé d'empirer, menaçant d'envahir la totalité du vignoble angevin et causant déjà pour notre seul département des pertes qui ont pu être évaluées à plusieurs millions de francs en 1907.

Il a été évalué, pour 21 communes, une perte de 38.382 barriques, soit 84.440 hectolitres, représentant une somme de 2.411.831 francs.

On conçoit aisément que la Société Industrielle et Agricole d'Angers et l'Union des Viticulteurs de Maine-et-Loire, en présence du tort causé par la teigne, aient songé à provoquer, au sein de leur assemblée, une série de discussions et de rapports qui ont abouti à la nomination d'une Commission d'études.

En novembre 1906, M. le D* Sigaud, dans un intéressant travail, donnait un aperçu des mœurs de la Cochylis, de ses ravages et des traitements employés pour la combattre. Il insistait plus particulièrement sur les efforts tentés récemment, en Anjou, pour la détruire.

Après la lecture de ce rapport, une discussion s'engagea, qui menaçait de ne donner aucun résultat pratique et de demeurer stérile, si l'un d'entre nous n'eût songé à proposer la nomination d'une Commission d'études dont il détermina le programme à la séance suivante.

Ce programme se divisait en trois parties.

1° Faire une enquête sur tout ce que l'on sait actuellement de la Cochylis, de sa vie et de ses mœurs, des traitements préconisés et employés contre elle, aussi bien à l'étranger qu'en France ;

2° Se mettre, dans le courant de l'année suivante, en relation avec les auteurs des traitements et les personnes qui les emploient et aller, au besoin, sur place à l'époque voulue, pour déterminer les conditions de leur application et se rendre compte de la technique de l'opération ;

3° Appliquer en Anjou, l'année suivante, les traitements qui auront paru les plus efficaces et les plus pratiques et faire, parmi eux, une première sélection, de façon à déblayer le terrain pour la troisième année d'études.

A la séance de la Société Industrielle et Agricole du 22 juin 1907, l'un d'entre nous rendit compte des résultats de l'enquête faite à l'étranger et en France, auprès des personnes les plus compétentes. Nous n'entrerons pas dans les détails de cette enquête. Qu'il nous suffise de dire que 34 professeurs départementaux d'agriculture ont répondu à notre collègue, M. Morain, qui avait bien voulu se renseigner auprès d'eux ; que 13 journaux agricoles et viticoles les plus répandus ont bien voulu publier une demande d'informations ; que nous avons reçu de l'étranger (Allemagne, Autriche, Suisse, Italie, Espagne, Portugal), un certain nombre de documents intéressants ; et qu'enfin de différents points de la France, en particulier du Maine-et-Loire, on a bien voulu répondre à notre appel. Une fois de plus, nous tenons à remercier ici tous nos correspondants.

L'un de nous fut délégué par notre Société pour étudier, au Laboratoire de pathologie végétale de Villefranche, si obligeamment mis par M. Vermorel à la disposition de tous les travailleurs, la biologie de la Cochylis et les traitements préconisés contre elle. Nous croyons bon de donner ici une analyse sommaire de ce travail, en y ajoutant quelques observations nouvelles faites par l'auteur au cours de cette dernière année.

Historique. — Connue de temps immémorial, la Cochylis a procédé par invasions d'intensité variable et discontinues. Aujourd'hui, à peu près tous les pays d'Europe la comptent parmi les ennemis les plus redoutables de la vigne.

Sans entrer dans la discussion un peu compliquée de la synonymie de l'insecte, nous nous contenterons de dire que son nom scientifique le plus généralement accepté est *Cochylis ambiguella*, et que, suivant les localités, elle a reçu des noms vulgaires assez variés : *Ver rouge* (Bourgogne et Mâconnais), *Ver coquin, Ver de la vendange* (Champagne), *Teigne de la vigne* (Anjou). Les Allemands lui attribuent deux noms, selon l'époque de l'année où elle se montre : *Heuwurm*, c'est-à-dire *Ver des foins* ou du mois de juin, *Sauerwurm*, c'est-à-dire *Ver de l'acidité* ou du mois d'août.

Biologie de la Cochylis. — L'évolution de la Cochylis est aujourd'hui bien connue et quelques points de son histoire en restent seuls encore un peu obscurs.

En hiver, l'insecte est caché sous les écorces des ceps de vigne, à l'état de chrysalide enveloppée d'un cocon tissé de fils de soie. Une étude minutieuse de la chrysalide nous a montré nettement que les crochets recourbés qui se trouvent à l'extrémité de l'abdomen empêcheraient, s'il en était besoin, sa sortie spontanée de l'enveloppe soyeuse. Ces crochets servent, au moment de la transformation de la chrysalide en papillon, à retenir dans le cocon l'enveloppe chitineuse d'où le papillon, s'échappe par une fente pratiquée à l'extrémité opposée. En mai (du 13 au 18 mai en Anjou en 1908), de chaque chrysalide sort un petit papillon, qui atteint, les ailes déployées, une quinzaine de millimètres. Il est facile à reconnaître à la bande brune qui coupe en travers la teinte grisâtre des ailes supérieures. La femelle se distingue du mâle en ce que ses ailes postérieures sont plus foncées et son abdomen plus renflé. Mâles et femelles sont à peu près en même nombre. Le papillon reste en repos pendant le jour, pour se mettre en mouvement quand arrive le soir. Son vol est un peu lourd, surtout celui des femelles, saccadé, peu soutenu. La durée de l'existence de l'insecte ailé est courte, cinq à six jours pour les mâles, une quinzaine pour les femelles.

On voit les mâles voltiger avec assez d'aisance, visiter en quelque sorte les unes après les autres les mannes sans s'y poser, sans doute dans l'espoir d'y trouver une femelle pour s'accoupler. Au bout de trois ou quatre jours l'accouplement a lieu, puis les mâles meurent.

Les femelles ne tardent pas à pondre leurs œufs. Ceux-ci, au nombre de 30 ou 40, sont déposés çà et là sur les boutons des grappes florales et plus spécialement sur les nectaires, c'est-à-dire les glandes odorantes dont le parfum attire sans doute les papillons femelles. L'un de nous a surpris une femelle au moment où, en pleine vigne, un peu avant la tombée de la nuit, par un temps calme et tiède, elle opérait sa ponte. Posée sur une manne, se soulevant sur ses pattes, elle recourba en dessous, de façon à lui donner une direction perpendiculaire à sa direction normale, l'extrémité de son abdomen et colla un œuf contre un bouton floral. Se déplaçant un peu, elle en déposa un second contre un autre bouton, puis s'envolant elle alla disséminer sa ponte sur d'autres mannes. L'œuf ressemble à une petite perle, à une fine gouttelette de rosée, assez difficile à voir à l'œil nu.

Dix ou douze jours après qu'il a été pondu, l'œuf donne naissance à une petite chenille, à peine grosse comme un fil, qui, à l'aide des mandibules dont sa bouche est armée, traverse aussitôt le paroi du bouton et s'enfonce dans son épaisseur où elle dévore l'ovaire et les étamines qui s'y trouvent renfermés. Cette année (1908), l'éclosion se fit en Anjou vers le 6 juin. Devenue un peu plus forte, la chenille réunit en petits paquets, à l'aide de fils de soie, quelques boutons floraux et s'en forme un abri. Ceux-ci sont aussi bien perdus pour le vigneron que ceux qu'elle a dévorés. C'est un besoin pour l'insecte de chercher à s'abriter ; aussi, pour cette raison, préfère-t-elle les grappes à grains serrés. En jour, elle reste cachée dans sa retraite, mais devient active le soir, sort volontiers de son nid, et c'est alors qu'elle donne libre cours à sa voracité.

Le mal causé par ces chenilles est considérable, une bonne portion de chaque grappe ou même des grappes entières sont ainsi détruites ; quatre ou cinq chenilles peuvent suffire à ce résultat. Un temps humide favorise leurs déprédations, tandis qu'un temps sec et chaud leur est plutôt contraire. La région septentrionale leur convient mieux que les pays méridionaux, car ces insectes redoutent la chaleur. Des chenilles renfermées dans un espace où règne une température de 45° y meurent au bout d'une dizaine de minutes. Plus la floraison met de temps à s'accomplir, plus le dommage est considérable.

Lorsque la chenille a pris tout son accroissement, elle se transforme en chrysalide, à l'abri d'un cocon dont elle s'enveloppe.

Mais ici il reste à éclaircir un point de sa biologie. Le lieu où cette chenille se retire pour devenir chrysalide n'est pas encore sûrement connu. Malgré les recherches auxquelles nous nous sommes livrés et au sujet desquelles nous entrons plus loin dans de nouveaux détails, la question n'a pu être complètement élucidée. Nous avons trouvé, il est vrai, quelques chrysalides dans les grappes florales, mais ceci ne constitue qu'un fait exceptionnel. Se retirerait-elle dans le sol ? Nous n'avons pu l'y découvrir. En Champagne, des observateurs qui ont procédé aux mêmes investigations n'ont pas été plus heureux. L'un d'eux nous écrit : « Où va-t-elle se chrysalider ? En trois ou quatre jours toutes les larves avaient quitté leur domicile dans la grappe. Nous avons retourné toutes les feuilles, examiné tous les sarments de l'année, enlevé les écorces soulevées du vieux bois, nous avons même décortiqué la souche jusqu'au sol et, malgré toutes nos recherches, il nous a été impossible de retrouver la Cochylis soit sous forme de larve, soit sous forme de chrysalide. »

Il y a donc là un petit problème de biologie à résoudre et auquel nous nous attacherons à la prochaine campagne.

Quoi qu'il en soit, dans le courant de juillet (5 au 8 juillet en 1908), les papillons de la seconde génération apparaissent. Ils se comportent comme ceux de la première, mais pondent alors sur les grains de raisin déjà assez gros. La chenille qui en sort, d'apparence filiforme, pénètre aussitôt dans le grain et en dévore plus ou moins complètement l'intérieur. Elle en visite plusieurs successivement et les réunissant par des fils de soie, s'y constitue un abri en forme de tube. Une seule chenille peut ainsi attaquer et détruire au moins dix à douze grains. Si le temps se met à la pluie, le mal devient beaucoup plus grand, car la pourriture envahit alors la grappe avec la plus grande facilité et alors que la vendange est loin d'être mûre.

Ses dégâts accomplis et sa croissance achevée, la larve cherche un abri pour opérer sa métamorphose en chrysalide. Elle le trouve ordinairement sous les vieilles écorces de la souche ou dans la fente des échalas qui servent de supports à la vigne. Cachée à tous les regards et à l'abri des intempéries, la chrysalide, protégée en outre par un cocon de soie qu'elle s'est tissé et qu'elle a renforcé à l'extérieur par de menues parcelles qu'elle a détachées de l'écorce, passe l'hiver dans le repos le plus absolu.

Exceptionnellement, une troisième génération peut se montrer à l'automne ; elle est due à une métamorphose prématurée et elle est fatale à l'insecte, car la chenille ne trouvant pas à se nourrir, puisqu'il n'y a plus ni mannes ni grains de raisin, est condamnée à mourir de faim. Nous avons constaté son existence le 8 octobre 1908.

Au retour de la chaleur, vers le milieu de mai, les chrysalides donneront des papillons identiques à ceux qui ont servi de point de départ au cycle évolutif que nous venons de parcourir.

Causes naturelles de destruction de la Cochylis. — Si tous les œufs pondus par les cochylis devenaient autant de chenilles et si chacune de celles-ci arrivait à son terme normal, qui est la forme ailée, le papillon, nos vignes ne résisteraient pas longtemps à la multiplication prodigieuse du parasite. Mais au cours de son existence celui-ci rencontre heureusement de nombreuses causes de mortalité, qui limitent forcément son expansion.

Une trop grande chaleur, une sécheresse persistante peuvent tuer le germe dans l'œuf; en outre un certain nombre d'œufs, sans doute mal constitués, avortent sans cause apparente, ainsi que M. Laborde et l'un de nous l'avons constaté. Le déchet paraît être de 50 °/₀. Des conditions météorologiques défavorables, au moment de l'éclosion ou alors que s'achèvent les métamorphoses, mettent parfois un terme à des invasions menaçantes.

Nous traversons, en ce moment, une période d'années humides et peu chaudes, circonstances très favorables à l'extension de la Cochylis; mais vienne une série d'années chaudes et sèches, il y a tout lieu de croire que le mal s'arrêtera de lui-même. Toutefois, vivre sur cette espérance nous paraîtrait un leurre et nous estimons qu'il est d'une mauvaise politique de nous croiser les bras et de laisser faire.

De même, les chrysalides sont pendant la longue période d'hiver, envahies par des parasites végétaux, des sortes de moisissures, du genre *Isaria*, qui péné-

trant les enveloppes de la chrysalide, végètent à ses
dépens et la tuent.

Il faut signaler encore des parasites animaux, de
petits Hyménoptères (Ichneumoniens, Chalcidiens), qui,
déposant chacun un œuf sous la peau des chenilles,
assurent ainsi à leur progéniture à la fois le vivre et le
couvert aux dépens des tissus de notre ennemi, qui en
meurt, et de la coque duquel il sort, au lieu d'un nuisible papillon, un bienfaisant Hyménoptère.

Il faut compter encore avec l'intervention d'insectes
carnassiers. L'un de nous a été témoin, l'été dernier,
d'une lutte entre une petite araignée et une grosse larve
de Cochylis ; avec ses solides mandibules, l'araignée a
triomphé de la résistance de la chenille et s'est sauvée
en emportant sa proie. D'autre part, un de nos anciens
élèves et notre collègue à la Société Industrielle et Agricole, M. René Bizard, licencié ès sciences naturelles, a
surpris, au cours de l'hiver dernier, des araignées qui
déchiraient le cocon des chrysalides et attaquaient
celles-ci, sans défense, pour s'en nourrir.

Nous devons encore mentionner, pour en avoir été
témoin, le rôle très utile joué par les Chauves-souris au
point de vue de la destruction des papillons de Cochylis.
Dans une vigne dirigée sur fils de fer en cordons permanents, par une belle et calme soirée, une grosse
Chauve-souris (un Rhinolophe) suivait de son vol rapide,
avec une rectitude parfaite, un rang de vigne dans toute
sa longueur, puis revenait en en suivant un autre. Au
cours de ce manège, que nous observâmes pendant
longtemps, Dieu sait la quantité de bestioles que la Chauve-
souris a dû happer de sa bouche largement fendue.
Nous sommes persuadés que c'est là un de nos auxi-
liaires les plus précieux pour la destruction de la
Cochylis sous sa forme ailée.

De cet ensemble de faits, il résulte qu'il s'en faut de beaucoup que chaque œuf devienne papillon. Si l'on songe qu'un seul papillon de la première génération pond environ 4o œufs, dont la moitié donneront des femelles, ce qui, à la seconde génération, donnera $20 \times 20 = 4oo$; que, si l'on raisonne sur un chiffre de 10 papillons, cela fera 4.000 et que, si l'on fait le calcul sur un chiffre de 100 papillons, ce qui est bien peu pour une vigne contaminée, cela donnera 4o.ooo à l'été, on voit qu'aucune récolte n'y résisterait. Et encore à ces chiffres faut-il ajouter pour chaque génération un nombre égal de mâles qui ne pondent pas, il est vrai, mais qui dévorent comme les femelles.

Ainsi donc, sous l'action de causes plus ou moins connues, une proportion d'œufs assez élevée n'éclosent pas et un grand nombre de chenilles n'arrivent pas à se chrysalider. En effet, les viticulteurs qui ont cherché à observer les faits d'un peu près sont unanimes à reconnaître qu'il y a une énorme disproportion entre le nombre considérable de vers que l'on trouve en été sur les grappes et le chiffre relativement très restreint des chrysalides qui leur succèdent ; de même qu'on a constaté qu'à la sortie de l'hiver il y a beaucoup moins de chrysalides vivantes sous les écorces qu'il n'y en avait à l'entrée, soit que les moisissures les aient envahies, soit que les insectes et notamment les araignées, qui sont toujours en grand nombre sur les ceps de vigne, les aient dévorées.

Quoi qu'il en soit, le viticulteur ne doit pas oublier que, malgré les causes naturelles qui tendent à restreindre l'expansion de ce redoutable insecte et les moyens artificiels dont il peut user pour atteindre ce but, la vitalité, la force de résistance de ce parasite de la vigne est telle qu'il aura beaucoup de difficulté à s'en débarrasser complètement.

Les quelques expériences suivantes faites par l'un de nous en sont la preuve éloquente.

Résistance de la chenille de la Cochylis à divers poisons. — L'une des plus grandes difficultés auxquelles se heurte le viticulteur qui cherche à lutter contre la Cochylis tient à la résistance incroyable que cet insecte oppose à la plupart des insecticides. Beaucoup de ceux-ci, qui agissent avec une grande activité sur tant d'autres chenilles, sont pour la plupart sans action sur elle. Sa résistance est bien plus grande que celle de l'*Eudemis*, dont les mœurs et les dégâts lui sont comparables. Il semble que son corps, protégé par une épaisse couche cornée, la chitine, soit invulnérable. Aussi, cette couche s'épaississant avec le temps, plus la chenille est âgée, plus elle offre de résistance.

Dans une précédente publication nous avons déjà passé en revue un certain nombre de poisons et montré que beaucoup étaient sans action sur elle. Nous avons entrepris, au cours de l'été dernier, 18-20 juin, de nouvelles expériences pour essayer son degré de résistance en présence de quelques autres et dont plusieurs nous avaient été indiqués comme d'une efficacité certaine. Ces expériences de laboratoire confirment donc l'insuccès de celles qui ont été pratiquées plus en grand, comme on le verra plus loin, dans le clos de la Richardière.

Voici le résultat de ces expériences :

Les chenilles, après avoir été soumises à l'action de l'insecticide, étaient renfermées dans des tubes de verre assez larges, fermés avec un bouchon de liège et soumises à l'observation.

Soufre altisolé de M. Bigot, de Bouzigues, Hérault (composition secrète). Une grosse chenille de Cochylis est roulée dans la poudre ; le lendemain elle se montre très vivante ; dix jours après elle se chrysalide dans le tube de verre en s'enveloppant d'un cocon renforcé de parcelles de liège qu'elle a détachées du bouchon. Plus tard elle s'est transformée en papillon.

Deux autres soumises au même traitement, résistent de même ; l'une d'elles s'est chrysalidée, mais elle a donné naissance, au lieu d'un papillon, à un Ichneumon. Une autre, roulée de même dans la poudre, n'en paraît nullement incommodée le lendemain. Quelques jours plus tard, toujours très vivante, elle ronge le bouchon de son tube, en agglutine les parcelles à son cocon de soie et s'y chrysalide.

L'expérience a été variée comme suit. Un paquet de fleurs de vigne renfermant une chenille a été fortement saupoudré de soufre altisolé ; le lendemain, celle-ci parut très agile. Dix jours après elle s'est chrysalidée dans les débris du grappillon floral.

Donc, résultat nul avec cet insecticide.

Insecticide Truffaut. — Une goutte de ce liquide additionné de dix fois son poids d'eau a tué une chenille en 15 minutes. Une autre a résisté pendant huit jours, a creusé le bouchon du tube d'une véritable galerie, puis est morte sans se chrysalider.

Solution de formiate de cuivre et de chaux. — Une goutte est déposée sur la bouche d'une chenille et ce contact paraît lui être très désagréable ; elle vomit aussitôt un liquide jaunàtre, mais, une demi-heure plus tard, elle ne paraît plus incommodée. Le lendemain elle est très vivante, et, huit jours après, elle s'est chrysalidée au milieu des débris du bouchon de liège qu'elle a rongé. Elle a donné naissance à un papillon.

Une goutte du même liquide déposée sur le dos d'un autre ver détermine aussitôt des violentes contractions du corps ; évidemment ce contact lui est désagréable ; on croit qu'il va succomber ; le corps, de rosé qu'il était, devient noirâtre. Mais le lendemain la larve est bien vivante et elle l'est encore huit jours plus tard.

Solution concentrée de cristaux de carbonate de soude. — Une larve trempée dans la solution n'en paraît pas incommodée, elle s'est chrysalidée au bout de quelques jours, mais a donné naissance à un Ichneumon.

Poudre de cévadille. — Résultat nul.

Poudre de pyrèthre. — C'est le poison qui nous a paru le plus efficace. Les larves qui en ont été saupoudrées ont été trouvées mortes le lendemain.

Gaz sulfureux. — Un tube de verre est saturé de gaz sulfureux par combustion de soufre ; une larve y est jetée, puis le tube est fermé. La larve y reste vivante ; elle l'est encore plusieurs jours après. Le neuvième jour elle est trouvée morte, mais rien ne montre que ce n'est pas de faim, car elle n'a pas eu à manger autre chose que le bouchon de liège, qu'elle a d'ailleurs grignoté.

L'expérience renouvelée sur un autre individu a donné les mêmes résultats ; bien plus, le ver s'est chrysalidé et il en est sorti un Ichneumon.

Poudre de quassia amara. — Résultat nul.

Poudre de gentiane. — Résultat nul.

Poudre d'Ellébore. — Une grosse larve saupoudrée de cette substance résiste fort bien, se tisse au bout de quelques jours au fond du tube un délicat cocon et sa chrysalide a donné un papillon.

Eau-de-vie de marc à 55°. — Une larve de Cochylis complètement immergée dans un flacon de ce liquide y est restée vivante pendant une heure et demie. Cette expérience montre la force de résistance surprenante du redoutable parasite de la vigne.

TRAITEMENTS D'HIVER ET OBSERVATIONS FAITES
SUR LA CHRYSALIDE

On a vu plus haut que le ver de la Cochylis, quelque temps après l'époque normale des vendanges ou même, certaines années, avant cette époque, se réfugie sous les écorces pour y tisser son cocon, s'y chrysalider et attendre en cet état le retour de la belle saison. Il hiverne aussi dans les fissures des échalas et plus rarement dans des feuilles mortes enroulées, qu'il accole le long des souches, notamment dans les vignes décortiquées. Quelques-uns pensent que la Cochylis se réfugie exceptionnellement aussi dans la terre ; d'autres même croient qu'elle ne demeure pas sous l'écorce pendant toute la mauvaise saison. Ce sont là, tout au moins dans ce dernier cas, des erreurs d'observation qui tiennent à ce que : 1º les Cochylis, dans une même vigne, se rassemblent sur certaines souches alors que les voisines en sont parfois totalement dépourvues ; 2º qu'en soulevant les écorces pour y chercher les chrysalides, on déchire quelquefois les cocons et leur contenu tombe à terre ; 3º que la chrysalide est la proie d'ennemis de toute nature, qui de très bonne heure, la font disparaître ou l'envahissent, ainsi que nous l'avons déjà fait remarquer et, avec le temps, l'altèrent et la rendent méconnaissable à tel point qu'on ait pu croire qu'elle avait quitté son cocon ; 4º parfois aussi quelques personnes prennent pour des cocons de Cochylis ceux qui abritent des insectes différents.

D'autre part, on ne peut pas toujours avec certitude distinguer les cocons fraîchement vidés de ceux de l'année précédente. Au cours de nos travaux d'hiver, en 1907-1908, nous avons été à même de faire, sur un des points signalés précédemment, différentes observations. Ainsi, dans nos champs d'expériences de Beaulieu et de

Juigné, nous avons dénombré les chrysalides mortes et vivantes sur des séries de souches consécutives diversement situées.

I. — TRAITEMENTS MÉCANIQUES

Décorticage. — Le décorticage, qui a été préconisé par beaucoup d'auteurs et consiste comme on le sait, à enlever et à détruire les écorces, a été pratiqué dans nos trois champs d'expériences du 28 janvier au 14 février. On a d'abord essayé différents instruments recommandés pour cette opération : gant Sabaté, griffes souples, brosses à dents d'acier et couteaux de différents modèles. Les ouvriers ont reconnu que de tous les outils mis entre leurs mains le meilleur était encore le simple couteau de poche ou la petite *curette* en forme de fer de lance recourbée sur le plat, que M. Lepage, viticulteur de la région, nous avait indiquée. La formation des souches (taille Guyot ou Goblet) ne se prêtait pas à l'usage du gant Sabaté qui, du reste, devient fatigant au bout de peu de temps, surtout s'il est employé par des femmes. Les griffes souples ne nous ont pas paru pratiques et les brosses métalliques dont nous avons fait usage se prêtaient mal au nettoyage soigné des bifurcations de la souche et des rameaux en même temps que leurs fils d'acier trop longs et trop flexibles ne résistaient pas longtemps à un brossage un peu énergique. Cependant, ces brosses nous ont rendu quelques services, dans notre champ d'expériences de Saint-Florent, pour parfaire le décorticage au couteau.

Désirant faire un travail aussi parfait que possible, comme il convient pour des champs d'expériences, les souches taillées ont été déchaussées jusqu'au-dessous du bourrelet et entourées à la base d'une toile de forme rectangulaire (de 0 m. 70 sur 0 m. 90) et fendue jusqu'à moitié de sa longueur. Cette toile recevait les écorces et les chrysalides qui avaient pu s'en détacher et le tout, versé dans des baquets, était ensuite transporté hors de la vigne pour être brûlé.

L'enlèvement des écorces, plus ou moins facile à exécuter, suivant l'âge de la vigne, sa conduite et sa formation, la nature du cépage même, se trouve être facilité par l'état d'humidité des écorces.

La modification de la taille, par exemple celle en cordon amenée plus tard à la taille Guyot simple, comme à Beaulieu, donne aux souches une forme irrégulière, contournée qui, cela va de soi, rend plus difficile l'opération en question. De même, sur des souches âgées et noueuses, les parties les plus difficiles et les plus longues à décortiquer sont naturellement les ramifications qui portent le bois de taille. Les ouvriers doivent donner tous leurs soins au nettoyage de toutes ces parties.

D'après ce qui précède, le nombre de souches décortiquées par un ouvrier dans une journée sera donc variable. A Saint-Florent, dans une vigne de muscadet âgée de 8 ans, taillée suivant la méthode Guyot double, conduite sur fils de fer, les femmes arrivaient à faire 10 à 12 souches à l'heure, en moyenne. Il est facile de calculer le prix de revient. A Beaulieu, dans une vigne de chenin blanc âgée de 15 ans, conduite sur fils de fer et dont la taille qui a été modifiée est actuellement la taille Guyot simple, la moyenne des souches décortiquées par heure et par femme n'était que de 5. A Juigné, le rendement avec des hommes a été le même pour une vigne de 10 ans, formée en gobelet et dont le bois de l'année n'était pas palissé. Ce rendement, comme on le voit, est très faible. La moyenne obtenue chez quelques propriétaires qui ont pratiqué l'opération en grand est plus élevée, avec un travail encore satisfaisant. Mais il ne faut pas oublier que, dans notre cas journalier, nous avons exigé, de la part des ouvriers, un travail très soigné. En effet, nous n'avons pu retrouver, après leur passage, que de très rares chrysalides.

Si l'on se décide à pratiquer le décorticage, nous conseillons d'activer le travail, autant que possible, dans les moments où les écorces ont été trempées par des pluies ou des rosées abondantes et de le suspendre lorsque, sous l'action du froid ou de la sécheresse, elles sont devenues plus rudes et cassantes.

En vue de faciliter le décorticage, on a badigeonné les souches de toute une parcelle, dans chaque champ d'expériences, avec une solution contenant $25\ ^0/_0$ de sulfate de fer et $2,5\ ^0/_0$ d'acide sulfurique en poids. Trois semaines après ce badigeonnage, on a fait décortiquer les souches de la parcelle traitée (par les mêmes ouvriers). Nulle part l'opération n'a été facilitée. Le sulfate de fer ne peut, du reste, produire que l'exfoliation et la chute des écorces les plus superficielles, ce qui était insuffisant pour le but que nous poursuivions.

Une parcelle, après décorticage, a été traitée avec une solution analogue mais plus diluée ($15\ ^0/_0$ de sulfate de fer, $1\ ^0/_0$ d'acide sulfurique), en vue de détruire les quelques chrysalides qui auraient pu être oubliées et laissées à nu sur les souches. Nous n'avons pu nous rendre compte de l'efficacité de ce traitement supplémentaire, le décorticage bien fait ayant rendu cette opération inutile.

II. — TRAITEMENTS PHYSIQUES

Flambage. — Le flambage, tel qu'il est pratiqué dans notre région par M. Lepage, suivant la méthode qui a déjà été employée dans le Midi, consiste à diriger, sur les souches, la flamme d'une lampe à souder après avoir préalablement brossé sommairement les écorces. Ce procédé ayant été recommandé en Anjou, nous avons demandé à M. Lepage de bien vouloir venir, lui-même

l'expérimenter dans deux de nos champs d'expériences.
Nous avons reconnu, au début, qu'un brossage sommaire et un flambage d'une minute et demie par cep
n'étaient pas toujours suffisants pour tuer les Cochylis.
Le réservoir du thermomètre placé sous les écorces
n'accusait pas une température supérieure à 70 ou 75°
pendant l'opération ; le bois, comme on le sait, est un
mauvais conducteur de la chaleur. Si, au lieu de brosser
sommairement les ceps et de les flamber ensuite, on fait
simultanément ces deux opérations, en insistant davantage avec la brosse à dents de fer — ce qui revient à
peu près à un décorticage — on obtient, comme pour
ce dernier procédé, un bon résultat. Il faut avoir soin,
cependant, de flamber aussi les écorces qui tombent à
terre et qui peuvent garder avec elles des cocons de
Cochylis non atteints par la chaleur. Nous avons, en
effet, retrouvé, plus tard, au pied de souches ainsi
flambées, quelques grosses écorces avec des cocons
indemnes. Ce procédé permet d'obtenir un rendement
supérieur à celui que fournit le simple décorticage au
couteau. Cependant, si l'on ajoute que le flambage
demande un peu d'attention, qu'il exige des ouvriers
assez expérimentés et ne peut être fait par des femmes,
qu'il nécessite un certain temps pour charger l'appareil, le
mettre en pression, qu'il occasionne une dépense pour
l'essence, qui n'est pas négligeable, on voit que l'avantage
signalé plus haut se trouve être notablement diminué.
Le prix de revient du flambage, par hectare, serait,
d'après M. Lepage, de 80 francs environ pour une
plantation de cinq mille pieds. Dans nos expériences,
c'est un chiffre un peu plus fort que nous avons calculé,
pour une opération peu prolongée. Ce n'est pas sans
une certaine appréhension pour la vitalité des ceps que
l'on voit exécuter un flambage énergique ; cependant, nous
n'avons constaté aucun dégât sur les souches au printemps.

Echaudage. — Nous n'avions pas réservé dans nos champs d'expériences de parcelle pour cette opération ; aussi n'a-t-elle porté que sur une vingtaine de ceps et dans un endroit peu cochylisé. L'eau tombait sur les écorces à une température de 80°, constatée au thermomètre. Les quelques chrysalides trouvées après ce traitement nous ont paru atteintes.

III. — TRAITEMENTS CHIMIQUES

Traitements chimiques. — Quelques viticulteurs de notre région qui avaient essayé divers produits, comme le sulfate de fer, l'acide sulfurique, la chaux, le lysol, nous ayant affirmé avoir obtenu des résultats, alors que, à priori, on peut douter de l'action de ces produits sur la chrysalide si difficile à atteindre, nous avons réservé une place pour chacun d'eux dans nos trois champs d'expériences. Par ailleurs, pour répondre à quelques questions qui nous étaient posées, nous avons expérimenté certains composés, soit à formule connue, comme le liquide Laborde, soit à formule secrète comme le Sulfuride, le Pyralion, la Pyraline.

Ces produits chimiques, pour être efficaces, doivent pouvoir pénétrer facilement à travers les écorces, imbiber les cocons et atteindre les chrysalides elles-mêmes, malgré leur tunique chitineuse, très résistante. En même temps ils doivent être sans action nuisible sur la vigne.

Tous nos traitements chimiques ont été exécutés du 29 janvier au 15 février 1908.

Sulfate de fer et acide sulfurique. — Dans les trois champs d'expériences, une parcelle a été badigeonnée avec le mélange suivant :

Sulfate de fer......	25	
Acide sulfurique ...	2,5	en poids
Eau..............	100	

Le badigeonnage a été fait, soit avec le pinceau coudé, soit au moyen de la hotte-pinceau de Besnard. Ce dernier appareil, très simple, porté à dos d'homme, se compose essentiellement d'un récipient en plomb qui communique par sa partie inférieure, au moyen d'un tube en caoutchouc continué par un tube en plomb, avec un pinceau. La sortie du liquide se fait dans le pinceau. Un petit robinet permet de régler le débit. L'appareil Besnard a fourni un rendement sensiblement le même que le simple pinceau coudé, pour une dépense de liquide un peu plus grande. Quelque temps après ce traitement, les souches, comme on le sait, noircissent et les couches les plus superficielles de l'écorce s'exfolient plus ou moins.

Chaux. — A Saint-Florent, 230 souches environ ont été badigeonnées avec un lait de chaux récemment éteinte.

Lysol. — La solution qui a servi, à Juigné, comprenait : lysol, 400 grammes, eau 10 litres. Cette formule est indiquée par le fabricant. Les souches ont été badigeonnées avec le pinceau coudé.

Liquide Laborde. — Ce liquide préconisé par Monsieur Laborde, a la composition suivante :

Chaux vive	30 kilog.
Huile lourde	10 —
Soude caustique	1 —
Sulfure de carbone	5 —
Eau	54 litres.

Ce liquide se prépare : 1° en éteignant la chaux vive dans son poids d'eau ; 2° en dissolvant la soude caustique dans 24 litres d'eau ; 3° en mélangeant l'huile lourde au sulfure de carbone. On ajoute cette dernière solution à la seconde pour obtenir une émulsion et on incorpore, par petites quantités et en brassant, cette émulsion à la chaux éteinte.

Avec cette préparation on a badigeonné, à Beaulieu, une parcelle de 75 souches (plantation de 2 mètres sur 1 mètre 40).

Sulfuride. — On le prépare en ajoutant un litre de sulfuride Simonet (soufre liquéfié et naphtaliné) à 30 litres d'eau. 75 souches ont été badigeonnées avec ce liquide à notre champ d'essais de Beaulieu.

Pyralion. — La solution employée contenait 10 kilogrammes de Pyralion pour 20 litres d'eau. C'est la proportion indiquée par la maison, qui donne, au sujet de son emploi, différentes recommandations dont nous avons tenu compte. 340 souches, dans notre champ d'expériences de Juigné, ont reçu ce traitement.

Pyraline. — La solution employée pour le badigeonnage de 180 souches, à Juigné, avait été obtenue en diluant 2 kg. de pyraline dans 20 litres d'eau. D'après les prescriptions du fabricant, la pyraline devrait être employée soit à l'automne, avant que la Cochylis ait tissé son cocon, soit au printemps, c'est-à-dire peu de temps avant le moment où elle va en sortir. Dans notre cas particulier, nous avons essayé ce produit comme traitement d'hiver contre la chrysalide.

Remarque. — Nous avons groupé, à la fin de ce travail, tous les résultats des traitements isolés ou combinés, d'hiver, de printemps ou d'été, afin de donner aux viticulteurs une vue d'ensemble de nos opérations et de rendre plus saisissants les résultats obtenus.

TRAITEMENTS DE PRINTEMPS
OBSERVATIONS FAITES SUR LES LARVES DE LA PREMIÈRE GÉNÉRATION

Les traitements de printemps peuvent avoir pour but soit de détruire les papillons ou de les éloigner de la vigne, soit de détruire les œufs ou les larves. Nous nous sommes bornés à des traitements dirigés contre les larves. D'accord en cela avec beaucoup d'auteurs, nous avons pensé que les insecticides devaient être appliqués de très bonne heure, aussitôt après la sortie du ver ou, de préférence, pour plus de sûreté, avant sa naissance. On comprend aisément que le ver offre d'autant moins de résistance aux insecticides qu'il est plus jeune et, d'un autre côté, qu'il aura d'autant plus chance de rencontrer une nourriture empoisonnée que celle-ci aura été répandue avant qu'il ait tissé son abri soyeux. Or, d'après les observations des entomologistes, l'un des premiers soins du jeune ver, comme on l'a expliqué plus haut, est de se mettre à l'abri et d'entourer de ses fils les boutons floraux qui lui serviront de nourriture. Aussi est-il préférable de faire les traitements peu de temps avant l'éclosion des œufs. L'époque pendant laquelle on peut les faire est donc relativement courte puisque, comme nous venons de le voir, l'insecticide ne doit pas être appliqué trop tard et que, par ailleurs, si on le répand trop longtemps avant l'éclosion des œufs, il y a à craindre, malgré l'adhérence du produit, que des pluies, toujours fréquentes au printemps, ne viennent à l'entrainer partiellement et à diminuer d'autant son efficacité. Nous savons que les œufs éclosent une douzaine de jours après la ponte, suivant les conditions climatériques de l'année, et que les papillons ne vivent pas plus de 8 à 15 jours ; c'est donc 15 jours environ après l'apparition des premiers papillons que le traitement devra être appliqué. Il est bien probable qu'un certain nombre d'échecs et que beaucoup de résultats contradictoires obtenus par différents expérimentateurs avec les mêmes produits tiennent, en partie, à ce que le traitement n'a pas toujours été fait en temps opportun. Pour se mettre à l'abri de cette cause d'insuccès, il importe de surveiller la première apparition des papillons. En année moyenne, celle-ci a lieu vers le milieu du mois de mai. Il est donc facile au viticulteur, vers cette époque, de contrôler sur place la sortie de l'insecte parfait. Il lui suffira, en se promenant dans ses vignes, de préférence le soir au crépuscule, de frapper un léger coup sur les ceps pour voir s'envoler les petits papillons très facilement reconnaissables ; 10 ou 15 jours après il pourra faire son traitement.

Désirant être avertis dès le premier moment de l'apparition des papillons, nous avions, à l'époque du décorticage, récolté quelques écorces qui portaient des cocons d'apparence saine. Un certain nombre de ces écorces furent placées dans des boîtes ; les unes furent laissées à proximité de la vigne, sous abri, et les autres transportées au laboratoire pour nous permettre de surveiller l'éclosion. Nous n'avions pas seulement pour but de surveiller la sortie des insectes, mais encore, ayant compté le nombre des cocons, de connaître la proportion des chrysalides qui arrivent à bonne fin. La boîte d'élevage était construite de telle sorte qu'on pût aussi recueillir et dénombrer les insectes parasites de la Cochylis. Pour cela, elle présentait au centre une ouverture recouverte d'un panier métallique à mailles serrées pouvant arrêter la Cochylis tout en laissant passer les parasites plus petits qu'elle, qui se réfugiaient dans une cloche de verre entourant le panier métallique.

Nous avons tenu, pendant toute la durée de la végétation de la vigne, à renseigner, par la voie de la presse, les viticulteurs sur les différentes phases de l'évolution

de l'insecte, afin de permettre à ceux d'entre eux qui
désiraient essayer certains procédés de destruction de le
faire en temps opportun. De plus, par la même voie,
nous leur avons indiqué, sous réserves, quelques-uns des
traitements qui avaient déjà fait leurs preuves en
Gironde, contre l'Eudemis. En présence de l'invasion
formidable de printemps et pour répondre aux sollicita-
tions pressantes de quelques viticulteurs désarmés, nous
avons renouvelé nos recommandations pour des traitements d'été, mais toujours à titre d'essais et sans rien
garantir.

Les premières éclosions furent constatées, dans les
boîtes d'élevage au Laboratoire, le 10 mai, et en plein
air, dans la vigne, le 13 mai. Nous nous sommes rendus
à Juigné le 16 mai et avons fait, à titre d'indication, la
numération des papillons de Cochylis qui s'envolaient
lorsqu'on frappait les souches avec un bâton. Nous
n'avons trouvé que deux papillons sur 300 souches environ, dans la partie décortiquée, mais 16 papillons sur
50 souches dans les parcelles non décortiquées. Les
pousses de la vignes avaient à ce moment-là de 10 à
15 centimètres de longueur et les *lames* étaient très bien
formées. Nous avons observé aussi que la végétation de
la partie décortiquée était en avance sur celle des
témoins. Des constatations du même ordre ont été faites
à Beaulieu, où nous nous sommes rendus le 21 mai.

*L'effet du décorticage apparaît donc ici très nettement,
au début de l'éclosion, alors que l'invasion du fait des
parcelles voisines non décortiquées ne s'est pas produite
encore, ce qui nous permet de supposer que, si la partie
décortiquée s'était trouvée complètement isolée, le décorticage seul aurait donné d'excellents résultats.*

Traitements de printemps proprement dits. — Nous
nous sommes inspirés, pour ces traitements des expé-

riences qui ont été faites, dans le Bordelais par MM. Capus et Feytaud contre l'*Eudemis*. Nous avons essayé la bouillie bordelaise nicotinée, le chlorure de baryum mélassé et l'arséniate de plomb glucosé.

On sait que M. le professeur Dewitz, à la suite de ses intéressantes expériences a, le premier, préconisé contre la Cochylis, l'emploi des sels arsenicaux.

La *bouillie bordelaise* a été préparée de la façon suivante : à 2 kil. de sulfate de cuivre dissous dans l'eau on a ajouté la quantité de chaux fraîchement éteinte nécessaire pour amener la neutralité, puis 1 kil. 330 de nicotine titrée des manufactures de tabac et la quantité d'eau nécessaire pour faire un hectolitre.

La formule pour préparer le *chlorure de baryum* mélassé était la suivante :

Chlorure de baryum.....	1 kil.
Mélasse...............	2 kil.
Eau..................	1 hectol.

On fait dissoudre séparément le chlorure de baryum et la mélasse dans l'eau, on mélange les deux solutions et on amène le volume total à 1 hectolitre.

Pour *l'arséniate de plomb*, nous avons essayé la formule suivante indiquée par MM. Capus et Feytaud :

Arséniate de soude..........	0 k. 300
Acétate de plomb...........	0 k. 500
Glucose massé..............	1 k.
Eau.....................	1 hect.

On fait dissoudre séparément les trois produits dans l'eau, on verse la solution d'arséniate dans l'eau glucosée, puis, doucement, et en brassant, on verse dans ce mélange la solution d'acétate de plomb. Il est bon de vérifier, avec un papier buvard imprégné d'iodure de potassium, qu'on a un léger excès de plomb (le papier buvard se couvre d'un précipité jaune d'iodure de plomb). Si l'arséniate de soude était en excès, il pourrait occasionner des brûlures. Pour faciliter la dissolution dans l'eau du glucose massé, il est bon de le concasser légèrement. Ce glucose, de même que la mélasse ajoutée au chlorure de baryum, a pour but de donner à la bouillie de l'adhérence et, sans doute aussi, d'engager le ver à ingérer le poison auquel il est mélangé.

Un point important à signaler aux viticulteurs, c'est que *toutes les grappes florales doivent être atteintes par la pulvérisation*, puisque c'est sur elles seulement que le ver commet des dégâts. Or, dans les traitements contre le mildiou, les ouvriers sont habitués à répandre la bouillie bordelaise sur les feuilles. Il y a lieu de croire que certains résultats négatifs donnés par des produits cependant efficaces tiennent à une application défectueuse de ces mêmes produits.

Pour pouvoir atteindre facilement les grappes, il est nécessaire de pratiquer, en premier lieu, un effeuillage sommaire. *Cette opération doit être faite avec beaucoup de discernement pour ne supprimer que les feuilles qui peuvent gêner.* Un ouvrier a pu effeuiller, dans un de nos champs d'expériences, 160 souches à l'heure. Aucun inconvénient n'a semblé résulter de cet effeuillage pratiqué *avec prudence.*

Le 29 mai 1908, à Saint-Florent, nous avons essayé la bouillie bordelaise nicotinée sur les deux tiers du champ d'expériences, c'est-à-dire sur 2.000 souches. Comme il est difficile d'atteindre toutes les grappes lorsqu'on ne se tient que d'un seul côté du rang l'ouvrier chargé de la pulvérisation passait des deux côtés. Deux litres de nicotine associée à la bouillie bordelaise ont suffi pour traiter 2.000 souches, la gelée ayant réduit la récolte dans une forte proportion.

Le 30 *mai, à Beaulieu,* nous avons essayé, en même temps que la bouillie bordelaise nicotinée, le chlorure de baryum mélassé. L'effeuillage a été très réduit, les nombreuses grappes étant bien visibles. La pulvérisation a été très abondante, car le jet des pulvérisateurs n'était pas très fin. On a employé pour 1.060 souches, représentant la presque totalité du champ d'expériences, 150 litres de bouillie bordelaise nicotinée. Un ouvrier traitait par heure 440 souches avec 60 litres du produit.

On a traité 270 souches avec la solution de chlorure de baryum mélassé et essayé, sur 7 souches seulement, une dose plus élevée de chlorure de baryum (solution à 1 kil. 300 par hl.). La solution ne marque pas bien, ce qui est un inconvénient.

Les jours qui ont suivi ces applications ont été assez pluvieux ; malgré cela, la bouillie bordelaise est restée bien marquée sur les grappes.

Signalons, en passant, qu'à cette date du 30 mai on ne trouvait plus de papillons et que les larves n'étaient pas encore apparues.

Le 4 *juin, à Juigné-sur-Loire,* nous avons traité 3.000 souches avec 3 hl. 1/2 de bouillie bordelaise nicotinée ; pour faire ce traitement il a fallu 12 heures de travail à un ouvrier ; l'effeuillage n'était pas parfait et la pulvérisation laissait un peu à désirer, la vigne étant vigoureuse.

300 souches ont été traitées au chlorure de baryum mélassé. Enfin, quatre rangs, dans toute la longueur du champ d'expériences, représentant 500 souches, ont été traités à l'arséniate de plomb glucosé. Le produit étant insoluble, il est bon, avant chaque remplissage du pulvérisateur, de bien agiter la bouillie pour remettre l'arséniate de plomb en suspension. Pendant l'opération même, l'ouvrier doit, de temps en temps, remuer son

appareil pour éviter le dépôt de l'arséniate de plomb.

Étant donnée la toxicité du produit, toutes les précautions ont été prises pour éviter des accidents.

Ces opérations ont été faites par un beau temps et la pluie n'est survenue que douze jours plus tard.

L'éclosion des larves a dû commencer deux jours après ces traitements, c'est-à-dire vers le 6 juin, d'après nos observations.

Les résultats de ces traitements de printemps sont consignés plus loin.

TRAITEMENTS D'ÉTÉ, OBSERVATIONS FAITES SUR LES LARVES DE LA DEUXIÈME GÉNÉRATION

La chrysalidation des larves de première génération a dû se faire vers la fin de juin — tout au moins dans la région du muscadet, cépage précoce — car le 27 juin, dans notre champ d'expériences de Saint-Florent, nous avons pu constater que beaucoup de vers avaient déjà disparu. Un certain nombre de grappes, en partie détruites, ne renfermaient plus de Cochylis et nous avons trouvé dans les fleurs quelques chrysalides ; mais le nombre des larves chrysalidées dans les fleurs est très restreint et est loin d'être en rapport avec le nombre de vers de première génération.

En vue de savoir si la Cochylis se réfugiait aussi sous les écorces comme pendant l'hiver, pour y opérer sa nymphose, nous avons fait le décorticage, aussi bien qu'il était possible, d'un certain nombre de ceps précédemment envahis par la teigne. Nos recherches ont été vaines. Il est à supposer que l'insecte n'éprouve pas le besoin, pendant la belle saison, de chercher un abri aussi sûr pour se transformer qu'à l'entrée de l'hiver. Nous nous proposons d'étudier ce point plus à fond l'année prochaine.

Les premiers papillons de deuxième génération ont été observés vers le 12 juillet dans les boîtes d'élevage et vers la même époque dans les vignes.

Le 28 juillet 1908, nous avons fait nos traitements d'été à Juigné-sur-Loire. A ce moment il n'y avait, pour ainsi dire, plus de papillons de deuxième génération — nous n'en avons trouvé qu'un seul — et déjà quelques petits vers, visibles seulement à la loupe, se trouvaient dans les grains, assurément depuis peu.

Dans une des parcelles décortiquées et traitées le printemps à la bouillie bordelaise nicotinée, 390 souches furent pulvérisées de nouveau avec ce dernier produit, à raison de *1 k. 500 de nicotine par hectolitre.* Etant donné la résistance de la Cochylis aux insecticides (beaucoup plus grande que celle de l'Eudémis), nous nous proposons, même au printemps, d'essayer des doses de nicotine plus fortes.

A cette époque de l'année, surtout dans les vignes très vigoureuses et non palissées, comme c'était le cas, il y a une certaine difficulté à bien atteindre les grappes, enfouies en quelque sorte sous les feuilles. Nous n'avons pas fait d'effeuillage, mais un homme écartait les branches pendant qu'un autre pulvérisait les grappes. Dans ces conditions, deux hommes n'arrivaient à faire que 90 souches à l'heure. Dans la pratique, tout appareil qui permettrait à l'ouvrier qui pulvérise d'avoir une main libre, réaliserait une économie assez sérieuse. De plus, on peut, croyons-nous, obtenir un rendement supérieur à celui que nous avons eu, en ne s'attardant pas à des manœuvres un peu minutieuses, comme on le fait forcément dans des expériences.

En dehors du champ d'essais proprement dit, nous avons opéré sur un certain nombre de souches qui n'avaient reçu jusqu'alors aucun traitement. Les unes reçurent la bouillie bordelaise nicotinée préparée d'après

la formule ci-dessus, et sur les autres on fit un poudrage
très abondant au moyen d'une soufreuse, avec de la
cendre de chaux fraîche, tamisée au tamis de 10 mailles
au centimètre et dont l'emploi avait été préconisé par
M. Charlot ; le poudrage a été fait par temps sec.

TRAITEMENTS D'AUTOMNE

Le 2 octobre, nous avons pu constater que le plus
grand nombre des Cochylis avaient commencé à tisser
leurs cocons sous les écorces. Dans les parcelles décortiquées, elles se collaient souvent au bois, dans les
ramifications de préférence, ou bien elles se faisaient un
étui dans les feuilles qu'elles enroulaient et fixaient aux
ceps. Nous nous proposons, pendant la seconde année
d'études qui va commencer, de voir ce que deviennent
ces cocons plus ou moins bien abrités.

On recommande souvent les *vendanges précoces* comme un moyen efficace de destruction. Les viticulteurs se
résignent difficilement à sacrifier une récolte. Ceux qui,
cette année, devant l'importance de l'invasion, auraient
voulu recourir à ce moyen, auraient dû, comme on le
voit, l'adopter de très bonne heure, c'est-à-dire quelque
temps avant l'époque moyenne des vendanges.

Dans les traitements d'automne, on peut comprendre,
à la rigueur, l'emploi des *pièges-abris*. Nous avons
demandé à quelques viticulteurs de bien vouloir essayer
le procédé suivant préconisé par M. Charlot et qui consiste à suspendre à chaque cep de petits bottillons de
paille de seigle, dans lesquels les vers de la Cochylis
peuvent se réfugier pour se métamorphoser en chrysalides. Nous rendrons compte plus tard des résultats
obtenus.

Les mesures ci-dessus (vendanges précoces, pièges-
abris) ne constituent pas, à proprement parler, des

traitements. A l'arrière-saison, une fois la vendange faite, on semble se désintéresser quelque peu — momentanément tout au moins — de la Cochylis et il ne nous semble pas que beaucoup d'essais de destruction aient été entrepris à cette époque contre le ver de seconde génération avant sa chrysalidation. Cela se comprend aisément, le viticulteur n'ayant plus à se préoccuper de sa récolte, maintenant en cave, et absorbé qu'il est par les soins de sa vinification. La nécessité d'opérer rapidement lui crée une difficulté de plus et, par ailleurs, l'état du vignoble, à ce moment-là, se prête mal à des traitements. Cependant, il serait intéressant, à notre avis, de multiplier les essais dans cet ordre d'idées.

Nous nous sommes bornés, cette année, à contrôler *l'action de la chaleur humide* contre le ver de seconde génération, peu de temps après la vendange. A égalité de température, la vapeur d'eau, tout aussi efficace que l'eau chaude, est d'un emploi plus pratique : avec la même quantité de liquide on peut traiter un plus grand nombre de ceps ; on est plus sûr de maintenir la température uniformément élevée, grâce à un appareil de dimensions restreintes qui circule dans la vigne et, si la vapeur sort de la chaudière sous une forte pression, il semble que l'on doive obtenir encore de meilleurs résultats.

M. Bonneau, entrepreneur de serrurerie à Angers, nous a présenté un appareil permettant d'obtenir de la vapeur à haute tension, qu'il avait eu l'idée d'employer précédemment contre les œufs et les larves de la Cochylis, en dehors de notre contrôle.

L'appareil qui a servi aux essais faits en notre présence consiste en une petite chaudière multitubulaire, capable de fournir en peu de temps une grande quantité de vapeur, sous une pression de 8 à 10 kil., c'est-à-dire à une température de 170 à 180 degrés environ à l'intérieur de l'appareil. Cette chaudière, outre ses accessoires ordinaires, est munie de deux ajustages sur lesquels sont fixés deux tubes de caoutchouc, de 2 mètres de longueur environ, de construction spéciale, terminés par des lances en cuivre et pourvus d'interrupteurs à main d'un mécanisme ingénieux. Cette chaudière est portée par un chariot à deux roues, à traction animale, sur lequel se trouvent également deux récipients, l'un pour le combustible (charbon de bois, charbon flambant, etc.), et l'autre pour l'eau d'alimentation, qui est envoyée dans la chaudière à l'aide d'une petite pompe à main.

Aussitôt la vapeur sous pression, ce qui s'obtient assez rapidement (15 minutes environ pour arriver à 10 kil.), on ouvre le robinet de distribution de la vapeur et deux ouvriers placés de chaque côté et en arrière de l'appareil promènent le jet sur les souches.

Le 16 octobre 1908, M. Bonneau fit conduire son appareil à notre champ d'expériences de Juigné-sur-Loire et traita, en notre présence, un certain nombre de ceps.

Le jet de vapeur est parfois si puissant qu'il arrache des lambeaux d'écorce et fait tomber à terre quelques Cochylis échaudées. Après le passage de l'appareil, on procéda à un décorticage minutieux d'un certain nombre de souches et on constata que, sur 50 Cochylis, 6 seulement avaient échappé au traitement, ce qui fait 88 % de mortalité. Un rendement de 90 % fut obtenu deux jours après, dans une expérience faite sur un plus grand nombre de ceps.

Bien qu'il soit difficile, au début d'expériences de ce genre, alors que l'appareil est toujours à l'étude et que les opérateurs ne sont pas encore suffisamment entraînés à sa manipulation, de se prononcer d'une façon formelle sur son rendement en travail et d'établir le prix de revient; nous pouvons cependant faire connaître les conditions dans lesquelles il a fonctionné. Le rendement, constaté une seule fois par M. Lemonnier, n'a été que de 3o souches à l'heure, ce qui, évidemment, constituerait dans la pratique un résultat bien faible et trop coûteux pour le viticulteur. Mais, M. Bonneau, après échange de vues avec les membres de la Commission et quelques personnes présentes et après s'être lui-même rendu compte que certains perfectionnements pouvaient être apportés à son appareil, espère être bientôt en mesure de nous présenter un modèle plus puissant et capable de fournir un rendement qui le rendrait tout à fait pratique.

Les difficultés matérielles des traitements d'automne subsistent avec cet appareil. Nous avons été alors amenés à chercher si la vapeur à haute tension pouvait détruire la chrysalide, ce qui permettrait de l'employer pendant tout l'hiver.

Bien que ces traitements dirigés contre la chrysalide rentrent dans la catégorie des traitements d'hiver et appartiennent de ce fait à notre seconde année d'études, nous tenons cependant à rendre compte, dès aujourd'hui, des résultats obtenus.

Le 2 décembre 1908, nous nous sommes rendus près d'Erigné, chez M. le Dr Cordon, qui a l'obligeance de nous permettre d'établir chez lui un nouveau champ d'expériences. M. Bonneau a expérimenté ce jour-là son même appareil contre la chrysalide et, après décorticage des souches traitées, nous n'avons constaté aucun résultat satisfaisant. La température qui, au sortir de l'appareil, est de 60 à 70° à deux centimètres de la lance, n'est plus suffisante lorsqu'elle arrive à la chrysalide pour la tuer, après un traitement de une à deux minutes par souche, alors que dans des conditions identiques elle tue le ver dans la proportion de 85 à 90 o/o. Ce résultat n'a pas lieu de trop nous surprendre, étant donnée la résistance bien connue de la chrysalide, et nous savons qu'en Champagne, chez M. Chandon, pour détruire les chrysalides abritées dans les fissures des échalas, on soumet ceux-ci, dans des récipients *ad-hoc*, à l'action d'une température humide de 112 à 114° pendant 20 minutes.

Jusqu'à nouvel ordre, l'appareil de M. Bonneau, pour les expériences faites en présence de la Commission de la Cochylis, n'a donc donné de résultats satisfaisants que comme traitement d'automne.

CONSIDÉRATIONS GÉNÉRALES ET CONCLUSIONS

Au début de ces travaux, nous avions résolu de consacrer notre seconde année d'études à expérimenter, en Anjou, d'une façon méthodique, quelques-uns des traitements qui nous avaient paru les meilleurs, à la suite de l'enquête faite pendant la première année, et de soumettre à un examen attentif quelques procédés recommandés dans notre région et dont les effets nous paraissaient douteux. Cette seconde année d'études devait également nous permettre de faire, parmi les traitements essayés, une seconde sélection appuyée, cette fois, sur des résultats personnels ; elle devait aussi nous permettre de nous familiariser avec la pratique de ces traitements et en même temps d'approfondir davantage la biologie de l'insecte.

Nous croyons avoir atteint ce but et nous aurions pu suivre notre idée première qui était, de ne pas rendre compte des résultats obtenus avant une autre année d'essais. Dans des études de ce genre, alors que tant de causes, en dehors de celles qui sont prévues, peuvent influencer les résultats, malgré les témoins laissés, on ne peut pas préconiser d'une façon absolue un traitement à la suite d'une seule année d'expériences. Tout au plus, à titre seulement d'indication, dans le but de provoquer d'autres essais, peut-on faire part des résultats obtenus dans les conditions bien déterminées où l'on a opéré. C'est ce que nous avons cru devoir faire en présence de l'invasion toujours croissante de la Cochylis et à la demande de quelques viticulteurs, plus ou moins désemparés, ne sachant plus à quel procédé recourir parmi ceux, trop nombreux, dont ils entendent parler. C'est toujours dans le même but que nous sommes entrés ici dans quelques détails pratiques.

Parmi les traitements d'hiver, seul, jusqu'à nouvel ordre, le DÉCORTICAGE nous a donné des résultats. L'effet du traitement employé seul se traduit par une diminution de la Cochylis qui varie (d'après la moyenne des observations de printemps et d'été) de 40 à 57 %. En lui associant d'autres traitements, il a augmenté l'efficacité de ceux-ci de 8 à 22 % d'après nos moyennes, sauf dans un seul cas où l'augmentation a été nulle.

Les frais de main-d'œuvre nécessités par le décorticage, la première année du moins, étant très élevés, la question qui se pose est de savoir si les résultats qu'il permet d'obtenir sont en rapport avec ces frais et si, de plus, on considère que ce même décorticage, associé aux traitements de printemps n'augmente pas beaucoup leur effet, on est en droit de se demander si ce traitement est bien indispensable et doit servir de base aux autres. Mais, si l'on remarque que les frais sont surtout élevés la première année et qu'ils sont notablement diminués dans la suite, si l'opération a été faite à fond, que son efficacité se fait sentir pendant deux ou trois ans en privant les chrysalides de leur meilleur abri pour l'hiver, on comprend que ce traitement ne doit pas être rejeté à priori. Du reste, certains propriétaires l'ont ainsi compris et malgré des résultats ne répondant pas tout à fait à leurs espérances n'hésitent pas cependant à continuer cette opération. Il est bien certain qu'en plein vignoble, le seul décorticage n'est pas suffisant et qu'on doit lui associer d'autres traitements. Il peut en être tout autrement pour des vignes isolées, où l'enlèvement des écorces, à lui seul, doit être un procédé suffisamment efficace et doit fournir des rendements beaucoup plus élevés que ceux que nous avons constatés.

Parmi les traitements de printemps, deux, la NICOTINE et l'ARSÉNIATE DE PLOMB, nous ont surtout donné de bons résultats.

L'arséniate de plomb, employé seul, nous a donné 78 % de mortalité ; associé au décorticage, la mortalité s'est élevée à 86 %.

Le rendement moyen fourni par la nicotine est un peu inférieur. Employé seul, ce traitement ne nous a donné que 51 % de mortalité, alors qu'associé au décorticage il nous a donné 66 %.

L'arséniate de plomb nous apparaît donc comme le traitement le plus efficace ; mais son emploi est actuellement l'objet de graves discussions, étant donnée sa grande toxicité. On se demande s'il est prudent de répandre et de mettre à la portée de tous un poison aussi violent. Si jamais son emploi devait se généraliser, il y aurait lieu, pour éviter toute confusion et diminuer les chances d'empoisonnement, de lui ajouter une matière colorante, ou, mieux, fortement odorante. Non seulement sa manipulation exige de grandes précautions, mais encore — *bien que devant toujours être appliqué avant la fleur,* et par conséquent étant susceptible de disparaître en très grande partie avant la vendange — il peut en rester sur les grappes. Déjà des analyses ont révélé la présence de traces d'arsenic dans les vins provenant de vignes traitées à l'arséniate de plomb. De notre côté nous recherchons, par comparaison avec des témoins, quelle peut être la proportion introduite de ce chef dans les vins.

Si la nicotine, aux doses jusqu'ici employées, s'est montrée inférieure à l'arséniate de plomb, dans ces premiers essais, son usage ne soulève pas, au point de vue hygiénique, les mêmes difficultés. De plus, *contrairement à l'arséniate de plomb*, elle peut être aussi appliquée comme traitement d'été. En employant la nicotine vers la fin de juillet sur une partie de la vigne déjà traitée avec ce produit au printemps, nous avons obtenu une mortalité de 86 %, c'est-à-dire égale à celle que nous a donné un seul traitement à l'arséniate de plomb effectué en juin. Les deux insecticides mis en comparaison avaient été répandus sur des parcelles décortiquées.

Quels que soient les traitements de printemps ou d'été auxquels on s'adresse, l'époque de leur application est de toute première importance et le temps pendant lequel cette application peut se faire est de courte durée. Il est donc indispensable, pour le viticulteur, de bien connaître l'époque pendant laquelle il peut agir efficacement. Pour bien faire, les traitements devraient être terminés 15 jours environ après l'apparition des premiers papillons, c'est-à-dire immédiatement avant l'éclosion des larves. Or, l'apparition de ces petits papillons peut passer parfois inaperçue. Il serait donc utile, si ces traitements devaient se généraliser, que les viticulteurs fussent avertis par les journaux, par exemple, de l'époque convenable pour les faire avec chances de succès. C'est ce à quoi nous nous sommes attachés en 1908 et ce que nous continuerons de faire, au moins pendant toute la durée de nos expériences,

Une autre difficulté dans la pratique des traitements, surtout l'été, consiste à bien atteindre les grappes par la pulvérisation. Un effeuillage partiel s'impose quelquefois ; il doit être fait avec beaucoup de discernement. Il convient de surveiller les ouvriers qui, nous le répétons, habitués à pulvériser contre le mildiou, ne visent pas, le plus souvent, les grappes.

A l'automne, l'application de la vapeur à haute tension contre la larve de la deuxième génération nous a donné une mortalité de 88 % constatée de suite. Il importe de faire ici, les mêmes réserves que pour le décorticage. Outre les difficultés matérielles sur lesquelles nous nous sommes suffisamment étendus, la vapeur ne peut être employée que pendant un temps très limité, car elle est sans action sur la chrysalide dans les conditions où on l'a appliquée devant nous.

L'étude que nous avons poursuivie pendant une année, dans le but de rechercher les moyens les plus efficaces de combattre la Cochylis nous confirme d'abord dans cette idée qu'il est illusoire de penser que l'on arriverait, en quelque sorte, *d'un seul coup*, à la destruction radicale et définitive de ce parasite.

Elle nous a ensuite convaincus que, pour réduire au minimum les dégâts du redoutable insecte, un seul et unique traitement paraît jusqu'à nouvel ordre être insuffisant, mais qu'il est nécessaire de recourir à un ensemble de mesures qu'on devra appliquer avec persévérance pendant plusieurs années consécutives.

Enfin, elle nous amène à conclure que, si des causes naturelles sont capables à elles seules, ce que nous croyons volontiers, de conjurer et d'arrêter le mal, nous ne savons dans quelle mesure et pour quelle période de temps, si bien que vivre sur cet espoir nous paraît devoir conduire le viticulteur à de cruelles déceptions.

Le programme que nous croyons judicieux de suivre dans la lute contre la Cochylis nous semble donc très nettement tracé, à savoir : déterminer quels sont les traitements les plus efficaces qu'il convient d'employer ; établir leur meilleur mode d'application ; fixer les époques auxquelles ils doivent être pratiqués pour donner leur maximum d'effet.

Cette tâche, à laquelle nous nous sommes déjà attachés pendant l'année qni vient de s'écouler, nous la poursuivrons avec persévérance. Nous espérons que l'on reconnaîtra qu'elle est assez délicate et minutieuse et ne saurait être l'œuvre d'un jour.

Nous reproduisons dans l'article suivant les conclusions des études faites par MM. MAISONNEUVE, MOREAU *et* VINET, *tirées de la Revue de Viticulture du 2 Décembre 1909, ayant pour sujet :* **Où les larves de deuxième génération vont-elles se chrysalider?**

CONCLUSIONS. — Les expériences que nous venons de faire connaître ne nous paraissent pas, telles que nous les avons conduites, avoir sensiblement modifié les conditions naturelles de la chrysalidation, puisque nous y avons retrouvé les cocons disposés à peu près comme ils le sont dans la nature, tout au moins dans le cas de la souche non décortiquée. Elles nous permettent donc, croyons-nous, de tirer légitimement les conclusions suivantes :

1o *Au point de vue biologique :* Alors qu'à l'été nous avons vu les vers de Cochylis se disséminer un peu partout et choisir comme habitat pour s'y mettre en cocon, soit le sol, soit une partie quelconque de la souche (feuilles, grappes, écorces), mais toujours avec la tendance très nette à se rapprocher de la terre, — et nous avons insisté sur ce fait — il en est tout autrement à l'automne. Ce n'est point dans les grappes, destinées à disparaître, ni dans les feuilles qui tomberont à terre et pourriront, ni sur les sarmeuts découverts que les Cochylis vont s'abriter. Ce n'est pas davantage dans le sol qu'elles iront se métarmorphoser. Pour passer six mois de l'hiver à l'état de chrysalide, sans défense contre les parasites de toutes sortes qui les menacent en particulier contre les moisissures, le sol, toujours humide en cette saison, et surtout dans nos régions, leur offrirait un abri bien peu sûr. Si donc quelques personnes ont parfois trouvé des chrysalides dans la terre, ce ne peut être, croyons-nous, que dans des conditions de sol et de climat bien différentes des nôtres, en admettant même que les Cochylis ne s'y soient pas réfugiées accidentellement.

Sous les écorces, au contraire, ou bien encore dans les fissures des échalas pour certains vignobles, la chrysalide est bien mieux protégée contre les causes de destruction. Cette retraite semble être tellement le lieu d'élection des larves de Cochylis que, dans le cas de notre expérience, nous les y voyons toutes réfugiées à l'état de chrysalides, sauf une seule, pour la souche non décortiquée, et que, si l'on vient à les priver de ce précieux abri, elles sont comme désorientées ; mais malgré tout c'est encore vers la souche qu'elles cherchent leur refuge, et c'est dans la proportion de 26 sur 36 que nous les retrouvons sur les ceps quand ceux-ci ont été décortiqués.

En résumé, nous croyons être en mesure désormais d'affirmer que pendant l'hiver, dans les terrains argileux de nos régions, les Cochylis sont cachées sous les écorces ou dans les fissures des échalas et que ce n'est qu'accidentellement et exceptionnellement qu'on peut les rencontrer ailleurs.

2º *Au point de vue pratique :* Le fait de cette localisation des chrysalides sous l'écorce nous indique que les traitements d'hiver doivent être exclusivement dirigés de ce côté-là. D'autre part, si l'on veut recourir, à l'automne, aux pièges abris — bien que leur emploi, nous l'avons déjà dit, nous paraisse devoir être plus justifié à l'été, — il convient vraisemblablement, pour obtenir de bons résultats, de les attacher sur le tronc même de la souche. Ce n'est point en les mettant sur la terre ou en plaçant ces pièges abris sur les bras, à la naissance des rameaux, comme on l'a fait quelquefois avec des botillons de paille, que l'on peut espérer obtenir une abondante récolte de chrysalides.

Dr P. Maisonneuve, L. Moreau & E. Vinet.

Nous allons reproduire quelques articles parus dans l'Agriculture Nouvelle à propos de la Cochylis et de l'Eudemis. Ces renseignements sont de tout premier ordre et méritent l'attention de nos lecteurs. Ces articles sont faits par MM. Latière *et* Durand.

L'EUDEMIS ET LA COCHYLIS

On s'occupe, avec juste raison, des procédés de traitement à employer contre la *cochylis* et l'*eudemis*, deux insectes extrêmement redoutables dans les vignobles.

On en a préconisé de nombreux et il est utile d'indiquer ceux qui paraissent être les plus efficaces, tout en étant les plus pratiques et les plus économiques.

Quelques mots, tout d'abord, sur les insectes eux-mêmes, ne seront point inutiles.

Cochylis. — La cochylis *(cochylis roserana)* appartient à la même famille que la pyrale. C'est un papillon ayant les ailes pliées quand il est au repos. Sa longueur est de 6 à 7 millimètres ; les ailes étendues, il mesure de 12 à 14 millimètres d'envergure. Le corps est jaune d'ocre pâle, aux reflets métalliques sur la tête et le thorax. Les ailes supérieures sont jaune clair, traversées, vers le milieu, d'une bande noire bleutée, ayant la forme d'un triangle, dont le sommet tronqué est du côté postérieur de l'aile ; les ailes inférieures sont gris perle.

La cochylis a deux générations par an : la première apparait en avril et mai, la seconde du 15 juillet au 15 août. Presque immédiatement après l'accouplement et la ponte, les papillons meurent ; leur vie ne dure que quelques jours. Les œufs sont pondus sur les bourgeons et sur les grappes ; une femelle ne place que trois ou quatre œufs sur des grains de raisin d'une même grappe, et en pond une trentaine. Dix jours après la ponte, l'éclosion a lieu, et le *ver* de la première génération gagne les inflorescences, qu'il dévore en sécrétant une soie blanchâtre dont il les entoure.

Fin juin, le ver se transforme en chrysalide au milieu de ces bourses de soie ; quinze jours après, le papillon apparaît.

Les vers de la seconde génération, provenant des œufs pondus sur les grains de raisin, pénètrent dans ceux-ci et dévorent la pulpe. Chaque ver peut consommer cinq à six grains jusqu'à la vendange.

Les larves de cochylis ou *vers*, d'abord d'un blanc gris, ne tardent pas à prendre une coloration brune rougeâtre, puis carminée ; pour cette raison, on les a dénommées *vers rouges*. Dans les premiers jours d'octobre, les larves quittent les raisins et vont se fixer sous les écorces des ceps ou des échalas, en s'entourant de fils de soie.

Ce qui différencie la cochylis de la pyrale, c'est que la pyrale ne consomme que des feuilles, tandis que la cochylis ne s'attaque qu'aux fruits quand ils sont soit à l'état de fleurs, soit complètement formés. De plus, la pyrale n'a qu'une seule génération, tandis que la cochylis en a deux.

Eudemis. — L'Eudemis de la vigne *(Eudemis botrana)* est un papillon à peu près analogue à la cochylis. Ses larves sont, cependant, très différentes, puisqu'elles sont de couleur verdâtre. Elles dévorent les jeunes grappes absolument comme celles de la cochylis. Le papillon est gris roussâtre, avec deux bandes gris brunâtre sur les ailes antérieures. Il a trois générations par an, c'est-à-dire une génération de plus que la cochylis et deux de plus que la pyrale.

Les traitements les plus efficaces contre ces deux insectes sont incontestablement ceux d'hiver, c'est-à-dire l'*ébouillantage* et le *clochage*, également employés contre la pyrale.

De cette façon on détruit, en effet, une grande quantité de chenilles et de chrysalides.

Parmi les procédés d'été, on peut employer les lanternes-pièges, avec lesquelles on détruit de nombreux papillons.

MM. Capus et Feytaud ont fait, d'autre part, de nombreuses expériences pour se rendre compte de l'efficacité de certaines solutions à employer en pulvérisations sur les vignes, pour la destruction des larves.

C'est ainsi qu'ils ont obtenu de très bons résultats avec la solution suivante : nicotine titrée 1 kil. 330, sulfate de cuivre 2 kilos, chaux vive 1 kilo, eau 100 litres, qui n'est autre qu'une bouillie bordelaise ordinaire à laquelle on ajoute de la nicotine titrée.

Avec cette solution, contrairement à certaines craintes émises par quelques viticulteurs, MM. Capus et Feytaud n'ont brûlé aucune jeune pousse.

Cette solution peut donc être employée non seulement au printemps, mais encore en été. La dose de nicotine indiquée peut être ajoutée sans crainte à la bouillie bordelaise pour tous les traitements qui sont faits contre le mildiou pendant le cours de la végétation de la vigne. Les mêmes expérimentateurs ont employé également le chlorure de baryum ; ils ont reconnu l'efficacité de ce produit, mais ont observé qu'il ne fallait l'utiliser qu'avec beaucoup de prudence, surtout pour les traitements de printemps.

La formule qu'ils ont adoptée est la suivante : chlorure de baryum 1 kilo, mélasse 2 kilos, eau 100 litres. Dans les traitements d'été, dès que les raisins sont bien formés, on peut porter la dose de chlorure de baryum à 1 kilo 500 et même à deux kilos pour les derniers traitements.

Rappelons, d'autre part, que la formule Dufour, recommandée également pour combattre la cochylis et l'eudemis, est ainsi composée : savon noir 3 kilos, poudre de pyrèthre 1 kilo 5, eau 100 litres.

Enfin, il convient de signaler les espoirs que l'on fonde sur les ennemis naturels de ces insectes, les *ichneumons*. Dès 1900, M. Laborde constatait que 55 pour cent de chrysalides d'eudemis étaient détruits par les ichneumons, dont il a déterminé plusieurs espèces, avec le concours de M. J. Perez.

Il faudrait pouvoir faire une véritable culture de ces parasites, de façon à les multiplier le plus possible dans tous les vignobles. Des études sont poursuivies dans ce sens, et il faut espérer qu'elles aboutiront à des résultats pratiques.

H. Latière.

L'EUDEMIS

Devant les dégâts considérables occasionnés dans les vignobles de France par l'Eudemis, la feuille vinicole de la Gironde avait ouvert une enquête sur les divers moyens de lutte qui avaient été appliqués et les résultats qui avaient été obtenus. Notre confrère vient de publier les conclusions de cette enquête ; elles méritent d'être portées à la connaissance de tous les viticulteurs.

Tout d'abord cette enquête a permis d'établir que l'Eudemis sévissait dans un grand nombre de vignobles de l'Europe et qu'elle arrivait à prendre la place de la Cochylis.

L'Eudemis se rencontre aujourd'hui dans tout le sud-ouest de la France, dans le Beaujolais et dans le sud-est. En Champagne, en Bourgogne, en Anjou, elle n'a pas encore pénétré et c'est toujours la Cochylis qui sévit.

En Allemagne on trouve l'Eudemis dans la vallée du Rhin et dans celle de la Moselle.

En Italie, elle est très répandue, et depuis longtemps, dans le Piémont, en Lombardie, en Sardaigne, et se rencontre dans tout le reste de la péninsule.

En Suisse, l'Eudemis n'a pas encore fait son apparition ; elle existe en Amérique.

Les moyens qui ont été appliqués pour la lutte contre l'Eudemis peuvent se grouper ainsi :

1º *Traitement d'hiver :* a. Décorticage des souches ; b. Ebouillantage des souches ; c. Badigeonnage des souches et des échalas. 2º *traitement de printemps :* a. Capture du papillon ; b. Destruction directe de la chenille par extraction et par écrasement ; c. Insecticides ; d. Abris-pièges pour la chenille, afin qu'elle s'y chrysalide. 3º *traitement d'été :* a. Enlèvement et destruction des raisins piqués.

Examinons successivement les résultats qu'ont donnés ces traitements divers.

Décorticage. — Cette opération a donné de bons résultats. Malheureusement elle nécessite beaucoup de main-d'œuvre.

« Dans les vignes basses, les femmes qu'on emploie, ont une tendance exagérée à prolonger le travail. Une femme dans les vignes basses du Médoc, peut décortiquer cent pieds par jour ; coût : un franc, soit cent francs pour un hectare de 10.000 pieds. Dans les vignes hautes, le travail est plus long, mais il y a moins de pieds à l'hectare, d'où compensation quant au prix de revient à l'hectare. »

Le décorticage ne s'effectue que vers la mi-février, quand les grands froids ne sont plus à craindre. Il importe de bien enlever toutes les écorces ; aussi doit-on entourer la vigne d'une toile.

Pour le décorticage on emploie le gant métallique, un couteau quelconque, le triangle à dents de scie ou la chaîne de fer carrée.

Dans les vignes où se trouvent des échalas, il est indispensable de badigeonner piquets et échalas avec le mélange suivant : huile lourde de houille 10 kilos, acide oléique des stéarineries 2 kilos, soude caustique 0 kilo 5, eau 90 litres. On mélange l'huile lourde et l'acide oléique, et on verse ce mélange dans l'eau contenant la soude caustique, de manière à obtenir une émulsion stable. Cette solution s'applique à l'aide d'un pinceau.

En Champagne, on enlève les échalas et on les place dans un appareil spécial pour les traiter à la vapeur, à une température de plus de 100 degrés.

Afin d'éviter les frais occasionnés par ce procédé, on trempe les échalas, pendant 3 minutes, dans de l'eau bouillante additionnée de 10 kilos de sulfate de fer par 100 litres.

En Bourgogne, les échalas sont mis dans une caisse dans laquelle on fait arriver de la vapeur. Cette opération est pratiquée sur le terrain même.

Ebouillantage. — Ce procédé a été moins efficace que le décorticage. Cependant, il est plus rapide et moins coûteux. Il y a deux manières d'ébouillanter : par épandage de l'eau à l'aide de cafetières, et à l'aide de tuyaux fixés à l'appareil. On se sert de chaudières portatives amenées dans les vignes.

Le traitement, d'après le Dr Feytaud, coûte 275 francs pour 20.000 pieds.

Badigeonnage. — Le badigeonnage s'est montré assez efficace. Il ne coûte que 75 fr. pour 10.000 pieds. La solution employée était la suivante : chaux vive 30 kilos, huile lourde 10 kilos, soude caustique 1 kilo, sulfure de carbone 5 kilos, eau 54 litres.

Manière de le préparer. — On fait d'abord éteindre la chaux vive avec son poids d'eau ; d'un autre côté, on fait dissoudre la soude caustique dans les 24 litres d'eau restant et l'on y verse lentement le mélange d'huile lourde et de sulfure de carbone préparé d'avance, en agitant vivement pour obtenir une émulsion de ce mélange. L'émulsion est ensuite incorporée à la chaux éteinte par petites quantités en brassant suffisamment le mélange pour le rendre homogène. Il se présente alors sous un aspect crémeux et brunâtre ; il est assez épais pour que le pinceau que l'on y trempe emporte une certaine quantité de matière sans qu'elle coule, ce qui permet de l'appliquer très régulièrement sur la souche. On arrive ainsi à un enrobage complet des souches, lequel après dessication a une durée assez longue, à moins que des pluies abondantes ne surviennent.

Lorsqu'il est resté au repos, le bien remuer avant de s'en servir.

Flambage. — Le flambage des souches n'a pas donné de bons résultats. De plus, l'emploi des lampes préconisées n'est pas sans danger pour l'opérateur.

Les *abris-piéges* peuvent être avantageusement employés contre l'eudemis. En effet, au moment de se métamorphoser, la chenille quitte presque toujours les pampres de la vigne et recherche un abri pour se chrysalider. Les écorces du pied de vigne, les fentes et éclats des échalas et piquets lui servent très souvent de refuge. On a essayé l'emploi de vieux chiffons « cravatant » les astes ou rameaux, de vieux paillons à bouteilles, de petits paquets de broussailles, des bottillons de paille de seigle, placés sur le cep, de vieux journaux placés sur les fils de fer, etc.

D'après l'enquête de la *Feuille vinicole de la Gironde,* au printemps, de vieux chiffons fixés à proximité des grappes ont recueilli 60 °/₀ des chenilles de la première génération. Placés après les vendanges pour lutter contre la deuxième génération, le résultat a été à peu près semblable. Les bottillons de paille de seigle que l'on emploie ont environ 10 centimètres de longueur sur 6 ou 7 centimètres de grosseur. On les attache avec du fil de fer mince. On a bien soin de ne pas replier les pailles, mais de les trancher ; les chenilles pénètrent alors à l'intérieur des pailles.

Ces bottillons, comme les vieux chiffons, sont fixés aux branches et aux échalas avant les vendanges ; on les enlève en janvier. Le coût de ce procédé est peu élevé ; on peut l'évaluer à 7 fr. 50 par hectare de 4.000 pieds.

Tels sont les principaux traitements d'hiver et d'automne que l'on peut appliquer avec succès. Etudions, maintenant, toujours d'après l'enquête de notre confrère, les TRAITEMENTS DE PRINTEMPS.

Capture du papillon. — On a cherché à atteindre le papillon à l'aide de lanternes. Ce procédé a été abandonné en Gironde, mais il est toujours usité en Suisse, contre la cochylis. Dans ce pays, la glu employée pour la lanterne entourée de papier blanc est ainsi composée : poix blanche 10 kilos ; thérébenthine 5 kilos ; huile de lin 5 kilos ; huile d'olive 1 kilo. On badigeonne avec cette glu la feuille de papier qui entoure la lanterne, ainsi que le plateau.

Dans quelques vignobles de la région de Sauternes, on a appliqué, avec succès, des feuilles de papier englué contre les ouvertures éclairantes des bâtiments, et de nombreux papillons d'eudémis s'y sont pris.

Destruction directe de la chenille. — En Italie on emploie avec succès la lutte directe qui consiste à détruire avec la main les chenilles.

Insecticides. — Les expériences faites à l'aide des divers insecticides préconisés ont été extrêmement nombreuses. Il faut établir une distinction entre les insecticides qui agissent sur la chenille extérieurement, en obstruant ses canaux respiratoires et provoquant l'asphyxie, et ceux qui agissent par l'intermédiaire du tube digestif en empoisonnant la chenille.

Les insecticides dits externes donnent leur maximum d'action quand ils sont appliqués lorsque les chenilles sont les plus abondantes sur les grappes. Les insecticides dits internes doivent être appliqués beaucoup plus tôt, avant la naissance des chenilles.

En principe — dit notre confrère — on donne la préférence aux insecticides qui, s'ajoutant soit au soufre, soit à la bouillie bordelaise ou à la bouillie bourguignonne, ne nécessitent pas une opération spéciale. Il est évident qui si l'on pouvait traiter l'eudémis et la cochylis en même temps que l'oïdium et le mildiou, ce serait l'idéal.

Dans les vignes du Bordelais, les essais les plus nombreux ont été faits avec la bouillie bordelaise nicotinée préconisée par MM. Capus et Feytaud.

Cette bouillie doit être appliquée au moment précis de la sortie des papillons. De cette façon, le traitement est préventif, et peut détruire une grande partie de jeunes chenilles, avant qu'elles aient eu le temps de commettre des dégâts.

La nicotine s'ajoute simplement à la bouillie cuprique. Pour le traitement de printemps, on met 1 litre 33 de nicotine par hectolitre de bouillie. Pour le second traitement, celui que l'on applique en juillet, on peut aller jusqu'à 1 litre 5o et même 1 litre 75 de nicotine par hectolitre de bouillie. Il faut, bien entendu, répandre la bouillie aussi uniformément que possible sur toutes les inflorescences.

A côté de cette bouillie cuprique nicotinée, il faut citer les bouillies arsénicales, auxquelles nous avons déjà consacré plusieurs articles que nos lecteurs pourront relire.

Partout, dans toutes les régions viticoles, les expériences à l'aide de ces bouillies sont poursuivies, et nous connaîtrons certainement bientôt si celles-ci sont vraiment supérieures aux autres bouillies préconisées.

En Allemagne, M. Dewitz donne actuellement la préférence aux produits suivants :

Vert de Schweinfurt, 18o grammes pour 1oo litres de bouillie bordelaise à 2 "/o de sulfate de cuivre. On mélange le vert de Schweinfurt avec deux poignées de chaux vive en poudre et on ajoute de l'eau par petites fractions. On incorpore la pâte ainsi obtenue à la bouillie bordelaise.

L'arséniate de chaux, à la dose de 200 à 250 grammes, joint à la bouillie.

L'arséniate d'alumine, 250 à 300 grammes, également joint à la bouillie.

Comme TRAITEMENT D'ÉTÉ, on a essayé une infinité de poudres et insecticides divers, dont les résultats n'ont pas été suffisamment nets pour être reproduits.

La Feuille vinicole de la Gironde présente, de son enquête, la conclusion suivante : « Il résulte de notre enquête poursuivie dans toute la France et à l'étranger, que jusqu'à ce jour il n'y a pas un moyen, mais *des moyens* de combattre plus ou moins efficacement l'eudemis et la cochylis. Contre ces dangereux ennemis de la vigne, la lutte, en devenant générale, fera connaître les bons effets de la solidarité entre les viticulteurs. »

Ainsi donc, notre confrère a mis en lumière qu'il était possible de lutter efficacement contre l'eudemis. Malheureusement, ces traitements efficaces occasionnent des dépenses, et, à l'heure présente, les viticulteurs doivent sérieusement songer à les réduire.

Quoi qu'il en soit, qui veut la fin, veut les moyens.

Nous ne saurions terminer cette note sur l'eudemis sans faire connaître les résultats obtenus par M. J. Perraud, le distingué professeur spécial d'agriculture de Villefranche (Rhône).

M. Perraud a continué en 1908 les essais qu'il avait effectués en 1907, et a expérimenté les insecticides à base d'arsenic, de baryum, de nicotine, préparés selon les formules suivantes :

1° Arséniate de soude cristallisé, 300 gr. ; acétate de plomb, 750 gr. ; eau, 100 litres ; 2° arséniate de soude cristallisé, 300 gr. ; sulfate de fer, 300 gr. ; eau, 100 litres ; 3° chlorure de baryum, 1 k. 200 ; mélasse, 1 k. 500 ; eau, 100 litres ; 4° sulfure de baryum, 1 k. 200 ;

mélasse, 1 k. 500 ; eau, 100 litres ; 5° sulfate de cuivre, 2 kilos ; chaux grasse, 1 kilo ; nicotine filtrée, 1 k. 200 ; eau, 100 litres.

Les traitements ont été effectués le 5 juin, en pleine période de ponte, les premiers papillons ayant apparu le 26 mai. La floraison des vignes s'est accomplie du 8 au 15 juin.

Les résultats obtenus ont été constatés le 19 juin. Les voici :

Vignes témoins : Nombre de grappes 1.176 : nombre total de vers 389 ; propagation des vers pour 100 grappes 33.

Formule N° 1 : Nombre de grappes traitées 1.236 ; nombre total de vers 22 ; propagation des vers pour 100 grappes 1,77 ; proportion pour 100 des vers existants 5,3 ; détruits 94,7.

Formule N° 2 : Nombre de grappes traitées 1.240 ; nombre total de vers 33 ; proportion des vers pour 100 grappes 2,66 ; proportion pour 100 des vers existants 8, détruits 92.

Formule N° 3 : Nombre de grappes traitées 1.252 ; nombre total de vers 31 ; proportion des vers pour 100 grappes 2,47 ; proportion pour 100 des vers existants 7,4, détruits 92,6.

Formule N° 4 : Nombre de grappes traitées 1.248 ; nombre total de vers 67 ; proportion des vers pour 100 grappes 5,36 ; proportion pour 100 des vers existants 16,2 ; détruits 83,8.

Formule N° 5 : Nombre de grappes traitées 1.250 ; nombre total des vers 81 ; proportion des vers pour 100 grappes 6.40 ; proportion pour 100 des vers existants 19,4 ; détruits 80,6.

M. J. Perraud a également combattu les larves de deuxième génération. Les premiers papillons de cette deuxième génération se montrèrent vers le 3 juillet ; la ponte fut très active du 20 au 28 juillet ; les premières larves se montrèrent du 2 au 4 août, mais ne devinrent abondantes que du 8 au 12 août.

Le deuxième traitement fut appliqué le 17 juillet. Les résultats constatés le 19 août furent les suivants : avec la bouillie contenant : chlorure de baryum 1 k. 500, mélasse 1 k. 500, eau 100 litres, la diminution des dégâts a été de 88 °/₀ dans la vigne effeuillée et de 77 °/₀ dans la vigne non effeuillée.

Avec la bouillie bordelaise nicotinée renfermant : sulfate de cuivre 2 kilos, chaux grasse 1 kilo, nicotine titrée 1 k. 500, eau 100 litres, la diminution a été de 86 °/₀ dans la partie effeuillée et de 75 °/₀ dans la partie non effeuillée.

Pour ce second traitement, M. Perraud n'a pas expérimenté la bouillie arsenicale.

Relativement aux doses auxquelles il convient d'employer les insecticides, M. Perraud estime qu'il faut employer le chlorure de baryum et la nicotine titrée à la dose de 1, 2, °/₀ (1.200 grammes par hectolitre) au premier traitement qui coïncide avec la floraison, et de 1,5 °/₀ (1.500 grammes par hectolitre) au second traitement.

L'époque des traitements, d'après M. Perraud, a une importance considérable. L'époque la plus favorable paraît être celle pendant laquelle s'opère la ponte de la majorité des papillons.

Il est donc nécessaire que les viticulteurs surveillent dans leurs vignobles l'éclosion des papillons qui circulent un peu avant la nuit.

Les insecticides doivent se trouver sur les inflorescences ou les grappes au moment où naissent les larves. Dans les vignes vigoureuses, il est utile de procèder à un léger effeuillage pour permettre la pulvérisation complète des grappes.

Ces bouillies sont épandues à l'aide d'un pulvérisateur ordinaire.

M. Perraud paraît avoir une préférence marquée pour la bouillie bordelaise nicotinée, qui offre l'avantage de protéger la vigne à la fois contre le mildiou et le Black-rot, et contre l'eudemis et la cochylis.

Pour traiter un hectare, M. Perraud a employé 7 à 8 hectolitres de bouillie pour le premier traitement et de 10 à 12 hectolitres pour le second. Le coût du premier traitement est, d'après M. Perraud, de 19 fr. 20 ; celui du second, de 37 francs.

M. Perraud donne les conclusions suivantes sur l'emploi de l'arsenic, du baryum et de la nicotine.

Composés arsénicaux. — « De mes observations faites en 1907 et 1908 il résulte : 1° que les solutions pures d'arséniate et d'arsénite de soude et de potasse et de tout sel soluble doivent être rejetées parce qu'elles brûlent les feuilles et les grappes, même à de très faibles doses. 2° Que l'arsénite de cuivre (vert de (Scheele) et l'acéto-arsénite de cuivre (vert de Schweinfurth) brûlent aussi fréquemment aux doses insecticides. 3° Que le pouvoir insecticide de l'arsenic diminue quand on le mélange à une bouille cuprique. 4° Que l'arséniate de plomb est le plus efficace de tous les composés arsénicaux et le seul qu'on puisse pulvériser à dose élevée, sans crainte de brûlures. Mais, à raison de la composition, il est le plus redoutable des sels arsénicaux. 5° Que l'arséniate ferreux s'est montré aussi efficace que l'arséniate de plomb et n'a jamais causé de brûlures. L'arséniate ferreux me paraît donc réaliser les meilleures conditions pour l'utilisation d'un poison aussi dangereux que l'arsenic, et *j'estime qu'on devra le substituer à toutes les autres compositions arsénicales comme insecticide.* »

Sels de baryum. — « Les sels de baryum sont de puissants insecticides. En 1907, j'ai pu apprécier l'action destructive du chlorure de baryum sur les larves de l'altise, de la cochylis, de l'eudémis et de la pyrale du pommier, à des doses variant de 1,20 % à 2 %.

Toutefois, l'emploi en solution de sulfure de baryum commercial, qui renferme de 15 à 20 % de produits insolubles, présente des difficultés, que nous espérons résoudre en utilisant ce produit sous forme de poudre, en mélange avec le soufre. »

Nicotine titrée. — « La nicotine titrée, renfermant 100 grammes d'alcaloïde par litre, ajoutée à la bouillie bordelaise, à la dose de 1,2 % au premier traitement et de 1,5 % au second, a permis de détruire les larves d'eudémis dans les proportions de 80 % et de 86 %. »

Telles sont les conclusions de M. Perraud, qui — ne l'oublions pas — n'est pas un ami des bouillies arsénicales. Elles viennent, dans tous les cas, corroborer les résultats que nous avons déjà fait connaître.

Donc, les viticulteurs peuvent, s'ils le veulent, combattre efficacement l'eudémis et la cochylis et débarrasser leurs vignobles de ces dangereux parasites. Nous insistons, cependant, pour qu'ils généralisent la lutte ; ce n'est que si celle-ci est appliquée partout, qu'elle donnera des résultats véritablement sérieux.

H. Latière

COCHYLIS ET EUDEMIS

Par E. Durand

Il y a quelques années, nous avions dans nos vignobles une seule espèce de ver de la grappe, la *Cochylis roserana* : la plupart des vignobles français ne connaissent même que cette espèce ; mais, par contre. il est des régions viticoles importantes où à côté de la Cochylis, une autre espèce, l'*Eudemis botrana*, est devenue prépondérante, causant des dégats encore plus importants que la première, et semblant menacer de se répandre partout. Leur biologie et leurs mœurs ont beaucoup de points communs, et dans plus d'un vignoble les deux espèces existent parallèlement, totalisant leurs dégàts que le vigneron impute à la cochylis.

La distinction est facile à faire. pour qui veut se donner la peine de regarder : les chenilles des deux espèces se ressemblent beaucoup par leur aspect extérieur ; la cochylis ou ver à tête rouge a le corps rosé ; l'eudémis a des tons plus gris et la tête brune ; toutes deux ont sensiblement la même longueur, 7 à 8 millimètres, mais ce qui permet de les distinguer tout de suite, et sans autre examen, c'est leur manière d'être quand on les dérange : alors que la chenille de la cochylis se déplace d'un mouvement lent et régulier, celle de l'eudemis, au contraire, agite tout son corps de mouvements serpentiformes, rapides, et fuit avec frénésie en cherchant à se suspendre à un fil soyeux qu'elle sécrète par la bouche ; ce seul trait de caractère permet de distinguer les deux espèces, de loin, sans autre examen plus approfondi. Les papillons, dont les dimensions sont les mèmes, sont également différents ; tandis que celui de la cochylis est de couleur jaune pâle avec une bande oblique jaune d'or sur les ailes antérieures, celui de l'eudémis est gris brunâtre avec les ailes toutes parsemées de ponctuations ou lignes brunes en zigzag.

Les mœurs et le genre de vie ont quelque ressemblance ; la Cochylis a deux générations par an, une au printemps, qui ravage les fleurs avant leur épanouissement, les groupant en glomérules à l'aide de fils soyeux, en formant des étuis au sein desquels elle se tient ; elle mange étamines et pistils, et devient adulte à la floraison, ayant à ce moment prélevé sur la récolte une part importante. Adultes, les chenilles se chrysalident, donnent naissance à des papillons qui pondent sur les grappes au milieu de juin. La deuxième génération de chenilles, qui naît de cette ponte, s'introduit dans les grains en voie de développement, en consomme le contenu et en amène la pourriture ; dès qu'un grain est suffisamment endommagé, la chenille l'abandonne pour un autre ; elle en détruit ainsi un certain nombre. Les grains parasités se reconnaissent facilement au petit trou qu'ils présentent, aux fils soyeux blancs qui existent près de cet orifice, et il suffit de les ouvrir pour trouver à leur intérieur l'auteur du délit. Les chenilles de la deuxième génération causent plus de dégâts encore que celles de la première, en raison de la pourriture qu'elles provoquent. Généralement, elles sont adultes avant la maturité, elles se retirent alors sous les écorces des souches et se chrysalident très vite, dès le mois d'octobre, pour passer l'hiver.

L'Eudémis est plus terrible encore, elle a trois générations par an, une dans les grappes de fleurs et deux qui vivent dans les grains formés ; les chenilles de la dernière génération sont adultes à la maturation ; elles se retirent alors sous les abris naturels que leur offrent les souches et se chrysalident tout de suite.

Les grappes sont mises à sac par cette dernière espèce et présentent un aspect beaucoup plus lamentable que celles qui ont été attaquées par la Cochylis ; nous avons vu des treilles de chasselas où la destruction était totale ; il ne restait plus une grappe à récolter, mais seulement des grains secs ou pourris, mélangés des excréments poudreux des chenilles accrochés aux fils soyeux dont toutes les parties de la grappe étaient enveloppées.

La Cochylis est ancienne dans nos pays ; on la trouve dans les plaines et les coteaux, sur les vignes en treilles comme sur celles en souches basses, mais moins dans les vignobles méridionaux que dans ceux du Centre et du Nord, de la Suisse et de l'Allemagne.

L'Eudémis commence à se montrer dans nos pays sur les treilles de chasselas appuyées contre des murs bien exposés, et c'est de là qu'elle gagne les vignobles avec une très grande rapidité.

Les dégâts que causent chacun de ces deux parasites sont énormes, et si le vigneron supputait chaque année la valeur de ces déprédations, il serait effrayé du chiffre, et comprendrait alors mieux la nécessité d'une action énergique. En faisant le compte avec quelque exactitude, nous avons fréquemment évalué le dommage causé par la cochylis au quart de la récolte, ce qui, dans une grande région viticole, représente des millions, Là où l'Eudémis est bien implantée, les déprédations sont peut-être encore plus importantes.

Contre ces redoutables parasites, les vignerons sont assez mal armés ; l'ébouillantage ne donne que des résultats problématiques ; la destruction des chrysalides en hiver ne peut pas non plus permettre d'arriver à un résultat complet, car les retraites sont très variées ; les produits insecticides employés en badigeonnages sur les souches peuvent difficilement posséder un pouvoir de pénétration assez grand.

Les seuls essais qui paraissent avoir donné des résultats vraiment intéressants sont ceux qui ont trait à la lutte contre les chenilles, et nous ajouterons, pour circonscrire davantage encore, la lutte contre les chenilles de la première génération, sur les grappes de boutons floraux avant leur ouverture, alors que les chenilles les groupent en petits étuis pour en dévorer le contenu.

Un des premiers liquides insecticides proposés pour être projetés sur les grappes au pulvérisateur, est celui du docteur Dufour : poudre de pyrèthre 3 k., savon noir 1 k., eau 100 litres. Sans doute, la valeur insecticide de ce produit est incontestable, mais pour tuer les chenilles il doit les toucher, les mouiller, et l'on sait combien, dans la pratique, il est difficile d'atteindre avec un jet de pulvérisateur toutes les grappes, les feuilles qui les cachent étant des obstacles à l'opération ; en opérant très lentement et avec beaucoup de soins, nous sommes parvenu, à l'aide du pulvérisateur, à tuer un certain nombre de larves, mais trop petit cependant, car il en restait encore une quantité plus que suffisante pour créer une deuxième génération très puissante.

La formule Laborde : gemme de pin 1 k. 5, soude caustique o k. 500, alcool dénaturé 1 litre, ammoniaque 1 litre, eau 96 litres, est dans le même cas : elle agit à condition de mouiller le corps de la chenille ; employée pour le trempage des grappes ou projetée sur elles avec un pulvérisateur, elle donne de bons résultats, à cause de son grand pouvoir de pénétration.

Tous ces liquides donnent des résultats, mais aucun ne permet d'obtenir la destruction totale, et pour y parvenir on a tendance, de plus en plus, à employer des substances empoisonnant l'organe qui sert de nourriture à la jeune chenille, la grappe dans le cas particulier ; ce sont jusqu'ici, les produits arsenicaux qui paraissent avoir donné les meilleurs résultats, et les récentes expériences du Dr J. Dewitz dans les vignobles de la Moselle semblent donner la suprématie aux poudres sur les produits liquides.

Enfin, en dehors des insecticides, il est un procédé auquel on ne pense pas assez, parce qu'il est, dit-on, trop long ; il s'agit de l'échenillage dans les grappes avant et pendant la floraison, moyen radical s'il était appliqué à la fois à tous les vignobles d'une contrée. Que tous les vignerons d'une ou plusieurs communes constituent un syndicat pour effectuer ensemble, pendant une saison, l'écrasement des chenilles sur tout leur territoire viticole, que l'opération soit complétée par l'enlèvement des grains parasités à la deuxième génération, et il nous semble que l'on viendra à bout de cette maudite et onéreuse bestiole, en dépensant en main-d'œuvre des sommes bien inférieures à celles que nous coûtent les insectes par leurs déprédations annuelles, sans être ennuyés par l'emploi de produits dangereux à manier, comme le sont les sels ou les poudres à base d'arséniates ou d'arsénites.

Mais, du reste, que la lutte soit entreprise par ce moyen ou par d'autres, l'essentiel est qu'on ne reste pas plus longtemps inactif devant un fléau qui pèse si lourdement sur la viticulture. Et nous souhaitons ardemment la formation de syndicats de lutte, disciplinés et décidés à une action énergique et soutenue qui ne pourra qu'être décisive.

E. Durand.

Du Petit Journal Agricole nous reproduisons deux articles qui sont également d'une grande valeur, ils sont traités par MM. BAILLARGÉ *et* DEMARTY.

Les Insectes nuisibles

•

LA COCHYLIS DE LA VIGNE

La nature n'aime pas la perfection. La végétation des plantes cultivées est partout très belle, mais l'ombre au tableau se présente sous la forme de maladies cryptogamiques et d'insectes parasites. La vigne, toujours bonne fille, en nourrit sa grande part. L'anthracnose, l'oïdium, le mildiou de la grappe et des feuilles, accompagnés de plusieurs insectes, tels que la cochylis, les cochenilles, le « cigarier » se font remarquer tout particulièrement cette année.

La cochylis n'est pas le moins redoutable de ses ennemis. Jusqu'ici, elle avait surtout exercé ses ravages dans le Bordelais.

L'an dernier, on l'avait déjà vu un peu dans la Charente. Nous l'avons, cette année, en nombre assez inquiétant, dans la Vienne.

La cochylis *(Tortrix ambiguella)* ou teigne de la grappe, est un papillon du groupe des microlépidoptères, long de 8 à 10 millimètres, aux ailes supérieures jaunes traversées par une bande brun foncé.

Ce petit papillon pond sur les grappes, avant la floraison, de petits œufs gris. Une quinzaine après, ceux-ci éclosent en donnant naissance à de minuscules chenilles d'un blanc sale, qui rongent les fleurs et les grains formés et les agglomèrent à l'aide d'un tissu soyeux en petits paquets où elles s'abritent. Ces chenilles, qui ressemblent plutôt à de petits vers, ont la tête noire ; la couleur du corps passe peu à peu du blanc sale au brun rougeâtre, puis au rose, quand elles ont atteint leur taille définitive. A ce moment-là, elles ont environ 1 centimètre de long. Vers la fin de juin et le commencement de juillet, elles se tissent un cocon brunâtre où elles se chrysalident. Quinze jours ou trois semaines plus tard, des papillons identiques à ceux que nous avons décrits sortent des chrysalides et se mettent aussitôt à se reproduire. Les femelles pondent des œufs qui donnent naissance, vers la fin d'août, à une seconde génération de chenilles qui rongeront la pulpe des raisins déjà gros. En septembre, ces larves se retirent sous les écorces et dans le bois pourri des échalas.

C'est la seconde génération de chenilles qui cause les plus grands dégâts.

Quels sont les moyens dont nous disposons pour combattre la cochylis ? Ils sont nombreux et ont pour but la destruction de l'insecte sous ses divers états.

1o *Destruction des chenilles de la première génération.* — Quand on n'a que quelques ares de vigne, on peut prendre le temps d'écraser les larves dans leur loge avec une petite pince.

Dans les vignobles d'une certaine étendue, il faut avoir recours aux insecticides en poudre ou en liquide.

Les insecticides en poudre pouvant être utilisés sont la naphtaline et le carbure de calcium.

Nous connaissons un vigneron qui emploie la naphtaline mélangée au soufre du second soufrage. La naphtaline ne tue pas les vers, elle les chasse seulement. En répétant le traitement après huit ou dix jours, on évite en partie les dégâts. L'addition de 3 à 4 °/₀ de poudre de pyrèthre augmenterait l'efficacité du mélange.

Le carbure de calcium chasse également les vers sans les tuer. Comme ce corps est très bon pour le traitement de l'oïdium, on pourrait donc l'utiliser à deux fins, en le répandant avec le soufflet ou la soufreuse.

Les insecticides liquides sont plus parfaits comme destructeurs de la larve, quand ils peuvent l'atteindre, mais la difficulté est précisément de les faire pénétrer au travers du tissu soyeux qui la protège. Il faut un excellent pulvérisateur à jet intermittent, bien dirigé, pour atteindre ce but.

Pour faciliter la pénétration, le docteur Dufour, de Lausanne, recommande d'employer les liquides à la température de 5o à 55°. Cela nécessite le transport dans les vignes d'un fourneau à pétrole et d'une chaudière. Il est nécessaire, en outre, de mettre un sac replié ou tout autre objet entre le pulvérisateur et le dos du porteur, afin que ce dernier ne soit pas brûlé. La température ne doit pas dépasser 55° sous peine de brûler les grappes.

M. Octave Audebert recommande, comme étant supérieur à la pulvérisation, le *trempage des grappes* dans le liquide insecticide. Ce dernier est mis, à cet effet, dans un pichet ; on y agite, pendant quelques secondes, les grappes atteintes. L'opération est évidemment plus longue qu'avec le pulvérisateur, mais elle peut être faite par n'importe qui, femme ou enfant, à toute heure de la journée et par tous les temps.

De nombreuses formules insecticides sont recommandées ; nous n'en retiendrons que quelques-unes, faciles à se procurer et qui ont fait leurs preuves.

La solution de savon noir, à raison de 3 kilos pour 100 litres d'eau, additionnée de 1 litre de jus de tabac riche, est très efficace.

A défaut de jus de tabac, qu'on ne trouve pas toujours

au moment voulu dans les entrepôts, on peut mettre
1 kil. 500 de fleurs de pyrèthre.

Dans certains vignobles du Bordelais, on emploie la
formule suivante du docteur Laborde :

Colophane, 1 kilo ; alcool à brûler, 1 litre et demi ;
soude caustique, 0 kil. 200 ; ammoniaque, 1 litre ; eau,
100 litres.

On fait fondre ensemble la colophane et la soude dans
une dizaine de litres d'eau chaude ; puis on verse la
dissolution dans le reste de l'eau, auquel on a préalablement ajouté l'ammoniaque et l'alcool.

M. Audebert, dont nous avons déjà cité le nom se
trouve très bien de l'insecticide bordelais, dont il a lui-
même donné la formule :

Ether, 1 kilo ; essence d'absinthe, 0 kil. 500 ; ammo-
niure de cuivre, 0 kil. 850 ; colophane pure, 1 kil. 500 ;
carbonate de soude, 1 kil. 500 ; eau, 95 litres.

L'insecticide bordelais se vend sous la forme d'un
produit concentré qu'on emploie à la dose de 3 à
5 kilos dans 100 litres d'eau ; 3 kilos suffisent par un
temps sec et chaud ; il faut 4 kilos à la rosée et 5 ou
6 kilos quand il pleut.

2° *Destruction des papillons.* — Tout le monde sait
que les papillons voltigent toujours autour des lumières.
Se basant sur ce fait, on a eu l'idée de placer dans les
vignes des lampes à lumière vive, couvertes par une
sorte de cage grillagée enduite de matières visqueuses
ou placées sur un réservoir contenant de l'eau recouverte de pétrole. « Dans l'espace d'une nuit on peut
ainsi détruire plusieurs milliers de papillons par lampe,
surtout si l'on opère par les nuits calmes et chaudes
succédant aux journées chaudes. » (Lecaillon).

3° *Destruction des chenilles de seconde génération.* —
Il est impossible d'atteindre, avec les insecticides, les

chenilles de seconde génération qui sont logées dans les grains.

On peut en détruire une partie par des vendanges précoces, mais il n'est pas toujours possible de mettre ce procédé en pratique.

Ces chenilles, nous l'avons dit, quittent les raisins pour se porter sous les écorces des ceps et sur les échalas, où elles se chrysalident vers Décembre. On peut les tuer là, *avant la chrysalidation*, par l'échaudage. L'échaudage consiste à verser de l'eau bouillante sur les ceps et les échalas. L'eau est chauffée, dans la vigne, dans des chaudières spéciales, auxquelles des femmes ou des enfants viennent remplir des cafetières à double paroi, pour aller ensuite arroser les ceps. Il faut éviter surtout d'atteindre les bourgeons.

Ce procédé n'est efficace que s'il est pratiqué par tous les viticulteurs d'une région, car les papillons provenant des vignobles non traités contaminent les autres.

Le badigeonnage des ceps avec des liquides insecticides est plus simple que l'ébouillantage et donnerait les mêmes résultats, toujours à la condition qu'il soit exécuté par tout le monde.

Tels sont les principaux moyens de lutte contre la cochylis. Aucun n'est parfait, mais tous permettent de diminuer considérablement les dégâts causés. Or, cette année, ces dégâts prennent déjà des proportions inquiétantes ; si les viticulteurs se croisent les bras, l'an prochain, la lutte sera plus difficile et plus coûteuse.

Il vaut mieux attaquer l'ennemi quand il est encore faible que de lui laisser prendre des forces.

E. BAILLARGÉ,

Professeur spécial d'agriculture à Civray.

LUTTE CONTRE L'EUDEMIS

Instructions pratiques

De tous les procédés tour à tour essayés, ceux qui visent la destruction de la larve elle-même sont les plus pratiques.

On y recourt à chacune des trois générations. Les deux premières sont combattues en répandant sur les inflorescences et les raisins des produits qui empoisonnent la larve dès qu'elle commence à manger.

Vers de première et seconde génération

Le premier traitement, le plus important, a d'autant plus d'efficacité qu'il est pratiqué plus tôt *dès que les papillons commencent à paraître,* souvent 10 et 15 jours avant la floraison. C'est l'apparition des papillons qui doit guider plus que l'état de végétation de la vigne. Pour les voir, il suffit de passer à la chute du jour dans les vignes et de secouer les souches, ils sont grisâtres très comparables à ceux de la teigne des grains, des mites de la laine. Les papillons paraissent souvent du 25 avril au 10 mai.

Le deuxième traitement correspond à l'apparition des papillons de seconde génération ; les raisins sont alors à l'état de verjus, gros comme de forts pois.

Formules de préparations insecticides à répandre sur les inflorescences et les raisins :

1° Bouillie bordelaise nicotinée : nicotine titrée, 1 k. 300 à 1 k. 500 ; sulfate de cuivre, 2 k. ; chaux, 1 k. ; eau, 100 litres.

2° Bouillie bourguignonne nicotinée : nicotine titrée, 1 k. 300 à 1 k. 500 ; sulfate de cuivre 1 k. à 2 k. ; carbonate de soude solway, 0 k. 500 à 1 k. ; eau, 100 litres.

3° Verdet nicotiné : nicotine titrée, 1 k. 300 à 1 k. 500 ; verdet, 0 k. 600 à 0 k. 800 ; eau, 100 litres.

4° Chlorure de Baryum mélassé : premier traitement : chlorure de Baryum, 1 k. 500 ; mélasse, 2 k. ; eau, 100 litres.

Le chlorure de Baryum ne dispense pas des traitements ordinaires pour la préservation des maladies cryptogamiques. Il ne peut être mélangé qu'au verdet, mais constitue une préparation moins active.

Poudres insecticides. — Dans l'intervalle des traitements liquides, on recourt aux poudres. On conseille la poudre de pyrèthre mélangée par parties égales au soufre sublimé, ou le soufre précipité à la nicotine. Ces poudres doivent être employées le soir de préférence, après 5 heures si possible.

Elles permettent de combattre l'oïdium en même temps que le ver de l'Eudémis ; il faut en répandre peu et multiplier le nombre des épandages.

Vers de troisième génération. — Ils apparaissent à la véraison et pendant la maturité du raisin ; on ne peut les combattre par aucun produit, il faut leur offrir des abris sous forme de botillons de paille de seigle gros comme le poignet, longs de 0 m. 10 à 0 m. 15 attachés sur les ceps.

Ces botillons ramassés au cours de l'hiver sont brûlés et avec eux les larves, ou conservés dans des *chambres closes*, d'où ne pourront s'échapper les papillons au printemps suivant. Dans ce cas les botillons peuvent servir 2 ou 3 ans.

Les traitements sont d'autant plus efficaces qu'ils sont généralisés, c'est-à-dire exécutés par tout le monde.

P. DEMARTY,
Professeur départemental d'Agriculture

CONCLUSIONS

En résumé, de toutes ces études que nous avons suivies dans diverses régions, ainsi que de notre expérience personnelle, nons pouvons encourager les traitements suivants :

Le décorticage est un travail indispensable, car nous reconnaissons que toutes les chrysalides se réfugient sous les écorces pour passer l'hiver, donc en effectuant cette opération on obtient une grande destruction.

Le décorticage étant bien fait on ne l'exécute que tous les trois ans, on se sert pour cette opération d'un gant métallique spécial Sabatié ou d'un couteau quelconque.

On place sous le cep un entonnoir spécial, on recueille soigneusement toutes les écorces que l'on détache du cep, puis on les met par tas pour les brûler.

Tous les ans on opère un traitement insecticide pour badigeonner les ceps, on peut employer la formule de M. Laborde qui revient environ à 6 francs l'hectolitre.

Chaux vive	30 kilos
Sulfure de carbone	5 —
Huile lourde	10 —
Soude caustique	1 —
Eau	100 litres

ou bien encore :

Sulfate de fer	25 kilos
Acide sulfurique	3 —
Eau	100 litres

Comme traitement d'été, lorsque les papillons sont parus on peut employer le chlorure de Baryum ou la nicotine titrée avec les formules ci-dessous, d'après MM. Capus et Fretaud :

Chlorure de Baryum.........	1 kilo
Mélasse....................	2 —
Eau.......................	100 litres
Nicotine titrée.............	1 kil. 330
Sulfate de cuivre...........	2 kilos
Chaux vive............	1 —
Eau.......................	100 litres

Nous poursuivrons dans le courant de 1910 la mise en pratique de tous les traitements contre la Cochylis et l'Eudemis et nous tiendrons nos lecteurs au courant des résultats.

SPHINX DE LA VIGNE

Cet insecte a parfois causé aux vignes de sérieux dommages, il dévore les jeunes pousses et les feuilles. Il a une envergure de 6 à 7 centimètres, il est d'un vert foncé rayé de rouge, ses ailes supérieures sont de même teinte et ses ailes inférieures sont roses.

La chenille atteint une longueur de 7 à 8 centimètres, est vert brunâtre avec des taches noires et marquée de cinq lignes longitudinales dont la médiane plus étroite que les autres.

Elle apparait vers le mois de mars et arrive à son complet développement en Mai, puis s'enferme dans un cocon et se transforme en chrysalide, qui fournit un papillon verdâtre garni de poils noirs.

Après l'accouplement les femelles pondent 250 à 300 œufs, qui éclosent en Juin et donnent une deuxième génération de chenilles, qui se transforment en chrysalides, puis forment les papillons de seconde génération.

Les chenilles issues de ces papillons vont se réfugier sur les sarments, pour se transformer en chrysalides, pour revenir en papillon au printemps suivant.

L'évolution est à peu près semblable à la Cochylis, aussi les traitements sont-ils les mêmes, mais en cas de grandes invasions, on peut opérer la capture des chenilles ; comme elles sont grosses, il est facile de les détruire.

Chapitre Septième

MOLLUSQUES

Les Mollusques sont des animaux divisés en anneaux et munis d'une coquille ; ils ont le corps mou sans squelette. Dans ce groupe nous trouverons les escargots et les limaces comme parasites de la vigne.

ESCARGOTS ET LIMACES

Depuis que les vignes reçoivent les traitements cupriques, elles sont moins couvertes d'escargots qu'autrefois, et les dégâts ont toujours été sans grande importance ; dans les terrains calcaires il se trouve une quantité de petites limaces jaunes, jaune citron, qui dévorent la vigne.

Les Mollusques ont de nombreux ennemis, tels que les crapauds, corbeaux, grives, merles, et tous les animaux de basse cour ; ils sont la principale nourriture des hérissons.

Dans certaines régions il s'en trouve davantage, suffisamment pour que les vignerons se donnent la peine de les détruire.

Chapitre Huitième

Orthoptères

Les Orthoptères sont un ordre d'insectes broyeurs ayant quatre ailes, dont les deux antérieures, d'une consistance coriace, ressemblent à des demi-élytres et les deux postérieures membraneuses, se plient dans le sens de la longueur, à la manière d'un éventail.

Les Orthoptères parasitaires sont les Sauterelles de la vigne.

LES SAUTERELLES DE LA VIGNE

Les Sauterelles de la vigne ou Ephippiger Vitium ont une longueur de 2 centimètres environ, elles sont généralement vertes et grises, jaunes sur le ventre, elles sont caractérisées par leurs élytres avortées, contournées en forme de selle, elles ne volent pas, mais elles sautent des grands bonds, en produisant un cri perçant, elles sont munies de six pattes.

Ce sont des insectes dévastateurs, lorsqu'ils sont en grand nombre, ils ne laissent rien sur leur passage.

L'Algérie et la Tunisie ont à souffrir des invasions de ces insectes. Leurs ennemis naturels sont les taupes et les moineaux.

CINQUIEME PARTIE

CINQUIÈME PARTIE

Accidents et Maladies diverses

Chapitre Premier

CHLOROSE

La chlorose, nommée aussi jaunisse, anémie, est une maladie qui se manifeste par un affaiblissement général de la vigne, les feuilles se transforment et deviennent jaunâtres, elles sont brûlées entre les nervures et se dessèchent.

Les rameaux se rabougrissent et poussent faiblement, il se forme de nombreuses ramifications, le cep décroit de plus en plus, puis meurt.

Dans notre première partie nous avons énuméré la résistance à la chlorose des principaux cépages.

C'est une maladie qui a existé de tout temps mais il est incontestable que les vignes américaines sont moins résistantes à la chlorose que les vignes françaises.

Pour les terrains très calcaires, la chlorose a été un grand obstacle à la reconstitution du vignoble, car on s'est toujours efforcé à chercher des porte-greffes qui lui résistent tout en résistant au phylloxéra.

On a attribué à une foule de choses, la cause de cette maladie, et de nombreuses opinions ont été émises pour les définir.

On a, successivement, attribué la chlorose à la sécheresse, à l'humidité, mais elle est due à l'excès de calcaire, par la présence du carbonate de chaux dans le sol, et à la mauvaise adaptation des porte-greffes.

Le traitement le plus pratique pour combattre la chlorose est le sulfate de fer.

MM. Eusèbe Gris et Sachs ont conseillé d'asperger les vignes à l'aide de pulvérisateurs, avec une solution de 2 % de sulfate de fer dans l'eau ; ce système donne de bons résultats, le traitement peut être répété plusieurs fois à quinze jours d'intervalle, tous les points de la feuille touchés par la solution reverdissent, mais quelquefois on risque de brûler les feuilles, aussi il ne faut pas dépaser 2 kilos par 100 litres d'eau, et même nous avons employé 1 kilo pour 100 litres d'eau, ce qui nous donnait le même résultat, sans risque de brûler les feuilles.

Comme traitement préventif nous conseillons le procédé suivant :

A l'automme, après la chute des feuilles, au moment où on prépare la taille en supprimant tous les sarments inutiles ; une femme où un enfant suit le vigneron qui taille pour badigeonner les plaies de la taille, avec une solution de sulfate de fer de 30 à 40 kilogrammes pour 100 litres d'eau ; on emploie comme pinceau un simple chiffon adapté au bout d'un bâton.

Les bourgeons qui reçoivent cette solution sont généralement brûlés, aussi faut-il tailler les sarments inutiles, ceux qui devront servir de coursons, les tailler plus longs et au printemps on opère à la taille définitive.

On peut répandre aussi sur le sol, à la volée, 2.000 à 3.000 kilogs de sulfate de fer par hectare, les pluies le dissolvent peu à peu, mais ce procédé est très coûteux.

LA COULURE

On nomme coulure l'avortement des fleurs qui restent infécondes. Cet accident a diverses causes ; elle peut être naturelle, certains cépages n'ont pas toujours une bonne fructification, les fleurs étant mal organisées, ne sont pas fécondes. Elle peut être due à la mauvaise sélection des cépages qu'on nomme coulards, les fleurs de vignes restent stériles, il n'y a aucun remède à cela, il faut les arracher.

La coulure peut être due à la grande vigueur de la vigne, qui a une grande influence sur la fécondité des grappes, elle peut être causée par une taille trop courte, ou par un porte-greffe donnant trop de vigueur, ou par une fumure trop azotée, dans tous ces cas les fleurs avortent et coulent.

Le manque de vigueur produit aussi la coulure, il suffit de donner à la vigne des fumures pour la fortifier, les engrais phosphatés sont indiqués pour cela.

Les froids accompagnés de pluies pendant la floraison entraînent la coulure, la floraison et la fécondation ne peuvent se faire par suite d'une température trop basse.

A une vigne qui a trop de végétation, il faut bien se garder d'apporter une fumure azotée, il faut au contraire corriger cet excès de vigueur qui amène presque toujours la coulure et une production très faible, par un apport de superphosphate et de chlorure de potassium.

On peut employer pour une vigne qui coule 600 kilogs de superphosphate et 200 kilogs de chlorure de potassium à l'hectare.

On diminue dans une certaine mesure la coulure d'une vigne, en appliquant la taille longue, on laisse pour cela un ou deux sarments que l'on attache sur le fil de fer, d'une longueur de 10 à 50 centimètres, suivant la vigueur des ceps, puis on laisse deux coursons qui fourniront l'année suivante les deux sarments de remplacement.

On pratique aussi avec succès l'incision annulaire, que l'on exécute avant ou aussitôt après la fleur, à la base du sarment, au-dessous de la première grappe.

Avec un inciseur ou un greffoir, on enlève un petit anneau d'écorce large de 5 à 6 millimètres, les courson incisés donnent des raisins plus gros, mûrissant de 7 à 10 jours avant l'époque normale.

On fait aussi le pincement à deux feuilles au-dessus de la dernière grappe, cette opération favorise la floraison et prévient la coulure, dans une certaine mesure en empêchant l'excès de végétation et la transformation des grappes en vrilles.

On peut pratiquer le rognage qu'il ne faut pas confondre avec le pincement, qui consiste à couper les extrémités des sarments lorsqu'ils ont atteint une certaine longueur.

COURT-NOUÉ

Ce nom de court-noué vient de l'Hérault, dans d'autres régions on l'appelle vigne persillée, ou vigne à pousse-d'ortie, M. Viala dans son ouvrage sur les maladies de la vigne appelle cette maladie le Roncet.

Le court-noué est une maladie qui se manifeste par un affaiblissement général de la vigne, les rameaux se ramifient, le rabougrissement est lent mais intense sur tous les organes de la vigne.

Cette maladie a été longtemps confondue avec d'autres, elle n'a aucun rapport avec la chlorose, par ce qu'elle est observée dans tous les sols, elle ne cause pas la mort de la vigne quand on a soin de lui donner les soins nécessaires, mais cela diminue sa végétation et sa production.

L'aspect des vignes atteintes par le court-noué est lamentable, ayant une ressemblance avec les vignes atteintes par le phylloxéra, les rameaux restent courts et les feuilles sont dentelées, elles se conservent assez vertes.

D'après M. Ravaz sur ses dernières observations sur le court-noué, ce professeur attribue cet état de chose seulement à l'action des gelées.

D'après M. Weinman. pour éviter toute confusion entre les différentes origines de l'état de court-noué a donné le nom de gelis ou de court-noué gelis à la sorte qui est produite par l'action des gelées. Les vignerons du midi concluent que le court-noué est dû à des retours de sève consécutifs aux gelées.

Les vignes atteintes par le court-noué doivent être badigeonnées avec une solution de sulfate de fer.

On ne doit jamais prendre de greffons sur des ceps atteints par cette maladie.

GELÉES

Les gelées causent à la vigne des dégâts énormes surtout depuis quelques années, les vignerons sont assaillis par toutes sorte de désastres.

Il y a les gelées d'automne et les gelées de printemps qui sont funestes à la vigne. Les gelées d'automne ne peuvent faire du mal que dans les régions septentrionales, où la vigne est tardive. Les raisins gelés se rident, donnent un vin plat, et détruisent la matière colorante, pour les raisins rouges on doit les vinifier en blanc.

Les vignes gelées à l'automne s'aoûtent mal, dans les régions du nord nous recommandons toujours la culture de cépages précoces, pour qu'ils ne soient pas surpris par les gelées d'automne.

Les gelées de printemps sont les plus redoutables, souvent la température est chaude en Avril, ce qui fait sortir la vigne et ensuite en Mai lorsque la vigne a des bourgeons de plusieurs centimètres il vient des gelées qui enlèvent la moitié de la récolte pour certains cépages, et la récolte entière pour d'autres.

Les jeunes vignes plantées d'un an ou de deux ans souffrent beaucoup de gelées de printemps, beaucoup de jeunes vignes étant complètement gelées n'ont plus assez de force pour repousser et meurent.

Les gelées de printemps sont funestes également à la vigne au point de vue de la taille, parce que, les bourgeons principaux se trouvant perdus il faut que ce soit les sous-yeux qui repoussent et il se forme beaucoup de sarments qui se développent sur toute la partis du cep, formant une grande agglomération, et on n'obtient pas pour l'année suivante des sarments convenables pour constituer la taille.

Les vignes situées dans les parties basses sont plus sujettes que celles situées sur les coteaux ou les endroits élevés et bien aérés.

L'herbe dans la vigne, et les labours frais faits de la veille attirent la gelée.

Lorsqu'on prévoit ou subit une série de gelées, il faut arrêter les labours pendant quelques jours.

Beaucoup de vignerons ayant des vignes taillées à la taille Guillot n'attachent les sarments au fil de fer qu'une fois les risques des gelées passés, car les sarments se trouvant beaucoup plus élevés, sans être ligaturés au fil, ont moins de chance de geler.

Il en est ainsi pour certains cépages taillés en gobelet, auxquels on y laisse une queue, cette dernière ne peut être attachée qu'après les gelées.

Les cépages à débourrement tardif ont là un grand avantage car ils risquent beaucoup moins d'être attaqués.

Nous avons vu aussi dans une région un moyen pour échapper à la gelée, c'est de laisser sur la souche un sarment dressé qu'on appelle pissevin, qui reste en l'air pendant toute la durée critique de la gelée, si elle ne se produit pas on supprime ce sarment, mais si la gelée a fait ses ravages, on est heureux de trouver ce sarment qui donnera encore une assez bonne production.

Il y a des cépages qui, lorsqu'ils ont gelé complètement comme cette année par exemple, dont il ne ressort aucun fruit, et il en existe d'autres qui gelés dans les mêmes conditions il ressort des fruits pouvant donner encore une petite récolte ; autant que possible cultivons donc ces cépages.

Les gelées blanches viennent à la suite d'un refroidissement du sol, résultant du rayonnement qui s'établit de la surface de la terre vers les espaces célestes ; le thermomètre descend de o à 3° au-dessous de zéro. Les endroits bas et humides sont plus exposés à l'action de la gelée.

Ce n'est pas la gelée elle-même qui est à craindre, mais bien le dégel rapide, car il est bien reconnu que même avec une assez forte gelée, si un nuage se forme, il garantit la vigne contre les premiers rayons du soleil ; le dégel se produit lentement, les cellules reprennent l'eau qui leur est nécessaire ; dans cette condition, la vigne revient à son état normal, les bourgeons n'ont aucun mal.

Si avec la même gelée que plus haut, le soleil paraît, donnant les premiers rayons sur les cellules vides, les bourgeons se trouvent brûlés et noircissent.

De cet état de choses, il résulte qu'il est de la plus grande importance quand on opère les nuages artificiels, si on veut obtenir de bons résultats, de maintenir les nuages jusqu'aux premiers rayons du soleil.

Pour préserver la vigne des gelées on a donc recourt aux nuages artificiels, Pour arriver à ce résultat on commence par faire des trous de 20 centimètres de profondeur, tout autour du champ, puis on met dans ces trous du sarment, que l'on recouvre de goudron ou de coaltar ;

pour obtenir de la fumée toute la matinée, on recouvre encore de diverses matières pour prolonger la durée.

Il faut préparer ceci dans le jour, et avoir des tas de sarments prêts à être allumés, pour ne pas se trouver surpris au cas où le vent viendrait à tourner.

GRÈLE

Lorsque la grèle frappe les jeunes rameaux à l'état herbacé, elle produit un désordre sur les parties atteintes et sur les parties voisines, et il en résulte un arrèt complet dans la végétation de la vigne. Lorsque la grèle frappe le vignoble en plein été, le mal est proportionné à la grosseur des grélons, mais la perte est généralement grande ; les rameaux étant lignifiés souffrent moins, les raisins qui sont fortement atteints se dessèchent, et on obtient une mauvaise vendange qui fournit de mauvais vin.

Depuis plusieurs années il a été fait des études en vue de garantir les vignobles de la grèle.

Les nombreux essais faits tant en France qu'en Autriche, Italie etc., ont prouvé que des explosions déterminées aux centres de nuages à grèles, avaient l'influence de les éloigner et de préserver les récoltes placées dessous.

On se sert de fusées, de bombes et de canons ; M. le Dr Vidal a imaginé des bombes et des fusées donnant des résultats concluants.

MILLERANDAGE

La coulure est l'avortement des fleurs, le millerandage est l'avortement des raisins.

Le millerandage est un accident de végétation, lorsque l'ovaire est mal fécondé, le grain reste petit, ou n'atteint pas la grosseur normale des grains et ceux-ci se trouvent espacés. Les grains ainsi avortés se nomment Millerand ou demoiselles dans certaines régions.

Certains cépages mal sélectionnés ont tendance à couler et à produire ces grappes laches à petits grains.

Le millerandage se produit à la suite de la coulure, lorsqu'il y a eu une période de mauvais temps à la floraison.

Cet accident a les mêmes causes que la coulure et demande à avoir les mêmes traitements.

Les Pinots sont sujets au millerandage, il faut pour cette variété une sélection minutieuse, ordinairement les raisins blancs à vins fins sont sujets à cet inconvénient lorsque les greffons n'ont pas été sélectionnés.

POURRITURE DES RAISINS

Il y a diverses causes qui contribuent à la pourriture des raisins : le Mildiou, la Cochylis, le Black-rot, etc., sont des cas qui amènent la pourriture.

La pourriture peut se former naturellement à maturité.

Certain cépage, par exemple : le Colombard ne pourrit pas, il sécherait plutôt, par contre la folle blanche lorsque le raisin arrive à maturité, pourrit aussitôt, et si le temps devient humide, en quelques jours la pourriture fait des progrès énormes.

Voir la pourriture noble à notre chapitre des Ascomycètes.

LE ROUGEOT

Le rougeot (1) se déclare sur les ceps en pleine végétation, au commencement de l'été, lorsque les premières chaleurs se font sentir.

Les feuilles commencent par s'altérer, elles se parcheminent et perdent de leur souplesse, leur parenchyme devient rouge tandis que les nervures restent encore vertes, ce qui leur donne une apparence toute particulière, les raisins se flétrissent, le sarment reste jaune, si la maladie s'aggrave encore, les feuilles se dessèchent et le sarment meurt partiellement en se nécrosant de l'extrémité à la base. Il est quelquefois atteint d'un seul côté, qui devient brun, tandis que le reste se conserve vert.

On voit fréquemment à l'arrière saison des souches ainsi attaquées du rougeot, repousser de jeunes rameaux sur les sarments.

Les ceps malades du rougeot ne meurent point comme dans le cas de l'apoplexie, mais ils sont fort maltraités et leur fertilité naturelle diminue considérablement et ne la reprennent qu'au bout de quelques années.

---

(1) D'après M. Marès.

CONCLUSIONS

Devant cette longue énumération de maladies produites par des champignons, des insectes et des accidents divers, le vigneron se trouvera effrayé en présence de tant de maladies et de tant de traitements.

Mais, en écartant les maladies insignifiantes et les accidents divers, nous arriverons en examinant les traitements de ces maladies à les simplifier.

Avec trois traitements divers, nous préviendrons les principales maladies en effectuant les opérations suivantes, et encore peut-on réunir les bouillies cupriques avec le soufre.

BOULLIES CUPRIQUES
- Mildiou.
- Black-Rot.
- Rot Blanc.
- Rot Amer.
- Rot Gris.
- Grisette de la Vigne.

SOUFRE..............
- Oïdium.
- Anthracnose.
- Erinose.

ECORTICAGE et PULVÉRISATIONS
- Cochylis.
- Eudemis.
- Pyrale.
- Cochenilles.
- Erinose.

Il faut admettre que de toutes les plantes utiles à l'homme, il n'en est aucune aussi exposée aux maladies que la vigne.

Les traitements contre le mildiou et l'oïdium sont entrés dans l'habitude du vigneron, aussi est-il arrivé à faire ces traitements par habitude sans se plaindre, comme pour faire les labours.

Mais une nouvelle maladie terrible vient accabler encore le vignoble, la Cochylis et l'Eudémis, et vu les ravages de ces deux lépidoptères si importants depuis quelques années, il n'y a aucune hésitation possible, il faut se mettre à la tâche immédiatement, pour vaincre ces nouveaux parasites qui nous ont enlevé nos dernières récoltes.

Ces traitements seront coûteux la première année, mais ils le seront moins par la suite, et ce travail qui consiste à l'écorticage, se faisant l'hiver à une époque où il y a peu de travail, n'est pas une opération insurmontable.

Quelques viticulteurs ne voudront pas traiter la Cochylis et l'Eudémis parce qu'ils ont l'espoir qu'elle disparaîtra naturellement ; nous ne le croyons pas, vu sa grande résistance aux plus grands froids.

On peut se baser pour les traitements de la Cochylis sur environ 90 francs de frais par hectare, c'est certainement bien élevé, mais il est préférable d'effectuer cette dépense, et d'être assuré d'une récolte.

Nous ne pouvons mieux faire que d'encourager les viticulteurs à commencer les traitements de la Cochylis.

Dans le courant de notre brochure nous nous sommes souvent inspirés des documents puisés dans des ouvrages de haute valeur, traités par des savants tels que M. Guéguen, docteur es-sciences, chef des travaux de microbologie à l'école supérieure de Paris ; M. E. Chancrin, directeur de l'école de Viticulture de Beaune à (Côte-d'Or) ; M. Weinmann, chimiste œnologue Epernay ; etc.. Nous avons mis en pratique leurs formules pour les traitements des diverses maladies.

Nous remercions également les viticulteurs qui nous ont aidés dans notre tàche, pour nous communiquer le résultat de leurs études, tant pour la culture des producteurs directs, que pour les traitements des maladies.

TABLE DES MATIÈRES

TABLE DES MATIÈRES

NANTES
Imprimerie A. MORILLON
34, Rue Émile-Péhant